JN233307

計算幾何学入門

― 幾何アルゴリズムとその応用 ―

譚 学厚・平田 富夫 共著

森北出版株式会社

● 本書のサポート情報を当社 Web サイトに掲載する場合があります．下記の URL にアクセスし，サポートの案内をご覧ください．

http://www.morikita.co.jp/support/

● 本書の内容に関するご質問は，森北出版 出版部「(書名を明記)」係宛に書面にて，もしくは下記の e-mail アドレスまでお願いします．なお，電話でのご質問には応じかねますので，あらかじめご了承ください．

editor@morikita.co.jp

● 本書により得られた情報の使用から生じるいかなる損害についても，当社および本書の著者は責任を負わないものとします．

■ 本書に記載している製品名，商標および登録商標は，各権利者に帰属します．

■ 本書を無断で複写複製（電子化を含む）することは，著作権法上での例外を除き，禁じられています．複写される場合は，そのつど事前に(社)出版者著作権管理機構（電話 03-3513-6969，FAX 03-3513-6979，e-mail：info@jcopy.or.jp）の許諾を得てください．また本書を代行業者等の第三者に依頼してスキャンやデジタル化することは，たとえ個人や家庭内での利用であっても一切認められておりません．

まえがき

　アルゴリズムとデータ構造に関する基礎知識は情報科学・情報工学を学ぶ者にとって必要不可欠なものと広く認識されている．そのため，アルゴリズムに関する科目は情報関連のカリキュラムでは必修科目に指定されることが多い．アルゴリズムの基本題材としては，整列，探索，グラフアルゴリズム，幾何アルゴリズム，文字列照合などがある．今日では，これらのアルゴリズムを実装した応用ソフトが簡単に手に入るため，それを使えばすむと考えるむきも多いであろう．しかし，市販のソフトウェアパッケージを使うにしても，質の高い仕事をするには，使用するアルゴリズムの原理を知っていることが重要である．つまり，確信をもって高い信頼性と性能を主張できるソフトウェアの作成には，使用するアルゴリズムの深い理解と適切な解析ができることが必要である．本書は，アルゴリズムとデータ構造の基礎をひととおり学んだ者を主な対象とし，さらに深く学ぶためのテキストである．計算幾何学における基本的な問題を題材とするため，計算幾何学の入門書としての役割もはたす．

　計算幾何学は，直線，多角形，円といった幾何的対象に関する問題に対し，効率の良いアルゴリズムを開発することを目的としている．より正確には，計算幾何学は，「アルゴリズムの設計と解析」や「計算の複雑さ」というより広い主題の中で，幾何的問題に対する計算構造を解析し，効率の良いアルゴリズムを開発する研究分野である．計算幾何学の研究は1970年代から始まった．コンピュータグラフィックス，CAD/CAM，VLSI設計，ロボティックス，パターン認識などの各種応用分野に現れる幾何問題は常に高速なアルゴリズムが求められている．そのため，計算幾何学のトピックは新鮮で刺激的である．その他にも，計算幾何学は数学，生物学，物理学，社会学，さらには考古学まで様々な分野で広く応用があり，情報科学・情報工学の中で確固とした地位を占めている．

　近年，計算幾何学を内容とする本は内外ともに増えてきている．とくに，邦書

で質の高い研究書・解説書が数多く出版されているのは，この分野で活躍している研究者が我が国に多いことを裏付けている．そのため，本書の出版が屋上屋を重ねるのではないかという危惧をいだかないわけではなかった．本書は，著者らが大学の学部学生を対象として行ってきた講義録を下敷きにして，計算幾何学全般を広く浅く概観し，同時にアルゴリズムとデータ構造について入門書よりは深い内容に立ち入って解説するという目的で書かれてある．量的にも2単位の講義でほぼ全部の内容を終えることができ，学部2，3年次の教科書として適している．

第1章は計算幾何学の基礎概念と第2章以降で必要になる基本的なデータ構造について解説している．第2章は幾何問題の中では身近な交差問題を取り上げた．応用例も数多く紹介している．第3章は凸包を構成するためのいくつかのアルゴリズムを紹介し，その中で幾何アルゴリズムの基本的な技法を解説している．計算幾何学の中心的話題であるボロノイ図とその双対図形のドロネー三角形分割は第4章で解説する．高次元のデータを扱うための幾何構造アレンジメントは第5章で紹介する．幾何変換を用いて凸包，ボロノイ図，アレンジメントの間の関係を明らかにする．第6章は幾何的探索問題とそのために開発された区分木，領域木，ヒープ探索木，パシステント木を解説する．第7章は警備問題，すなわち美術館問題と警備員巡回路を扱う．ここでは，多角形の三角形分割と多角形内の2点間の最短路アルゴリズムが用いられる．最後の第8章では本書で取り上げることのできなかった幾つかの重要なテーマについて簡単に解説する．

最後に，本書の下敷きとなった講義録への学生諸君の批判，助言，激励に感謝する．また，編集全般に渡ってお世話になった森北出版株式会社森崎満氏に感謝いたします．

2001年7月

著 者

目　　次

第1章　はじめに　　1
  1.1　計算幾何学とは ・・・・・・・・・・・・・・・・・・・・・・・　1
  1.2　用語と記法 ・・・・・・・・・・・・・・・・・・・・・・・・・　4
  1.3　計算のモデルと計算量 ・・・・・・・・・・・・・・・・・・・・　6
  1.4　基本データ構造 ・・・・・・・・・・・・・・・・・・・・・・・　8
    1.4.1　リスト ・・・・・・・・・・・・・・・・・・・・・・・・　9
    1.4.2　スタックとキュー ・・・・・・・・・・・・・・・・・・・　10
    1.4.3　ヒープ ・・・・・・・・・・・・・・・・・・・・・・・・　12
    1.4.4　2分探索木 ・・・・・・・・・・・・・・・・・・・・・・・　12
    1.4.5　平衡2分探索木 ・・・・・・・・・・・・・・・・・・・・・　19
  1.5　練習問題1 ・・・・・・・・・・・・・・・・・・・・・・・・・　23

第2章　交　差　　25
  2.1　2線分の交差 ・・・・・・・・・・・・・・・・・・・・・・・・　25
  2.2　n本の線分の交差 ・・・・・・・・・・・・・・・・・・・・・　29
    2.2.1　水平, 垂直な線分 ・・・・・・・・・・・・・・・・・・・　29
    2.2.2　一般の線分 ・・・・・・・・・・・・・・・・・・・・・・　36
  2.3　応用 ・・・・・・・・・・・・・・・・・・・・・・・・・・・・　38
    2.3.1　隠面除去 ・・・・・・・・・・・・・・・・・・・・・・・　38
    2.3.2　線形分離と凸多角形の交差 ・・・・・・・・・・・・・・・　42
    2.3.3　VLSI設計と長方形の交差 ・・・・・・・・・・・・・・・・　44
  2.4　練習問題2 ・・・・・・・・・・・・・・・・・・・・・・・・・　45

第3章　凸包の計算　　47
  3.1　包装法 ・・・・・・・・・・・・・・・・・・・・・・・・・・・　48
  3.2　Grahamの走査法 ・・・・・・・・・・・・・・・・・・・・・・　50

3.3	逐次構成法 ‥‥‥‥‥‥‥‥‥‥‥‥‥‥‥‥‥‥‥	54
3.4	分割統治法 ‥‥‥‥‥‥‥‥‥‥‥‥‥‥‥‥‥‥‥	57
3.5	分割統治法と縮小法の組合せ ‥‥‥‥‥‥‥‥‥‥‥	60
	3.5.1 K番目の要素の選択 ‥‥‥‥‥‥‥‥‥‥	60
	3.5.2 KirkpatrickとSeidelのアルゴリズム ‥‥‥	62
3.6	高次元の点集合の凸包 ‥‥‥‥‥‥‥‥‥‥‥‥‥‥	65
3.7	応用 ‥‥‥‥‥‥‥‥‥‥‥‥‥‥‥‥‥‥‥‥‥‥	66
3.8	練習問題3 ‥‥‥‥‥‥‥‥‥‥‥‥‥‥‥‥‥‥‥	67

第4章 ボロノイ図　　69

4.1	ボロノイ図の定義と性質 ‥‥‥‥‥‥‥‥‥‥‥‥‥	70
4.2	構成法 ‥‥‥‥‥‥‥‥‥‥‥‥‥‥‥‥‥‥‥‥‥	72
	4.2.1 逐次添加法 ‥‥‥‥‥‥‥‥‥‥‥‥‥‥	73
	4.2.2 Fortuneの走査法 ‥‥‥‥‥‥‥‥‥‥‥	75
4.3	ドローネ三角形分割 ‥‥‥‥‥‥‥‥‥‥‥‥‥‥‥	81
	4.3.1 ドローネ三角形分割の最適性 ‥‥‥‥‥‥	81
	4.3.2 三角形分割の列挙 ‥‥‥‥‥‥‥‥‥‥‥	83
	4.3.3 ドローネ三角形分割の構成アルゴリズム ‥	85
4.4	最遠点ボロノイ図 ‥‥‥‥‥‥‥‥‥‥‥‥‥‥‥‥	90
4.5	応用 ‥‥‥‥‥‥‥‥‥‥‥‥‥‥‥‥‥‥‥‥‥‥	92
4.6	練習問題4 ‥‥‥‥‥‥‥‥‥‥‥‥‥‥‥‥‥‥‥	98

第5章 アレンジメント　　100

5.1	アレンジメントの組合せ特性と構成アルゴリズム ‥‥	100
5.2	幾何変換 ‥‥‥‥‥‥‥‥‥‥‥‥‥‥‥‥‥‥‥‥	104
	5.2.1 双対性 ‥‥‥‥‥‥‥‥‥‥‥‥‥‥‥‥	105
	5.2.2 高次元におけるボロノイ図と凸包 ‥‥‥‥	106
	5.2.3 高次のボロノイ図とアレンジメント ‥‥‥	108
5.3	関数族のエンベロープとDavenport-Schinzel列 ‥‥	110
5.4	応用 ‥‥‥‥‥‥‥‥‥‥‥‥‥‥‥‥‥‥‥‥‥‥	113
	5.4.1 ユークリッド距離変換 ‥‥‥‥‥‥‥‥‥	113
	5.4.2 様相グラフ ‥‥‥‥‥‥‥‥‥‥‥‥‥‥	117
	5.4.3 ハムサンドイッチカット ‥‥‥‥‥‥‥‥	118
5.5	練習問題5 ‥‥‥‥‥‥‥‥‥‥‥‥‥‥‥‥‥‥‥	120

第6章 幾何的探索　　121

- 6.1 幾何的探索とは ・・・・・・・・・・・・・・・・・・ 121
- 6.2 領域探索のためのデータ構造 ・・・・・・・・・・・・ 123
  - 6.2.1 区分木 ・・・・・・・・・・・・・・・・・・・・ 123
  - 6.2.2 領域木 ・・・・・・・・・・・・・・・・・・・・ 126
  - 6.2.3 ヒープ探索木 ・・・・・・・・・・・・・・・・・ 127
- 6.3 点位置決定問題 ・・・・・・・・・・・・・・・・・・ 130
  - 6.3.1 Dobkin-Liptonのスラブ法 ・・・・・・・・・・・ 131
  - 6.3.2 Sarnak-Tarjanの方法 ・・・・・・・・・・・・・ 132
  - 6.3.3 2色木のパシステント化 ・・・・・・・・・・・・ 134
- 6.4 応用 ・・・・・・・・・・・・・・・・・・・・・・・ 138
  - 6.4.1 ヒープ探索木の応用 ・・・・・・・・・・・・・・ 139
- 6.5 練習問題6 ・・・・・・・・・・・・・・・・・・・・ 144

第7章 警備問題　　146

- 7.1 美術館問題 ・・・・・・・・・・・・・・・・・・・・ 146
  - 7.1.1 美術館定理 ・・・・・・・・・・・・・・・・・・ 147
  - 7.1.2 単純多角形の三角形への分割 ・・・・・・・・・・ 151
  - 7.1.3 美術館問題の変種 ・・・・・・・・・・・・・・・ 156
- 7.2 警備員巡回路問題 ・・・・・・・・・・・・・・・・・ 159
  - 7.2.1 動的計画アルゴリズム ・・・・・・・・・・・・・ 159
  - 7.2.2 単純多角形の内部における最短路 ・・・・・・・・ 166
  - 7.2.3 いろいろな巡回路問題 ・・・・・・・・・・・・・ 168
- 7.3 応用 ・・・・・・・・・・・・・・・・・・・・・・・ 170
- 7.4 練習問題7 ・・・・・・・・・・・・・・・・・・・・ 170

第8章 おわりに　　172

参考文献　　174

索　引　　180

第1章

はじめに

　テキスト処理や科学技術計算などはコンピュータの得意とするところである．例えば，ワープロや表計算それに数値処理などにおけるデータを自然に表現し高速に処理することができる．しかし，幾何学的な問題になると，これとはまったく状況が異なり，点や直線に関する初等的な操作でさえ大変に難しいものとなる．例えば，点と多角形が与えられたとき，その点が多角形に含まれるかどうかを判定する問題を考えよう．人間ならば与えられた点と多角形を紙の上に書いてすぐに解いてしまうだろうが，コンピュータでこの問題を解こうとすると，必ずしも自明でないプログラムを書かなければならない．そう，コンピュータは幾何が苦手である．しかし，幾何的な対象を扱う情報処理の分野は数多くあり，例えば，コンピュータグラフィクス，CAD／CAM，VLSI設計，ロボティックス，パターン認識などが挙げられる．幾何学的な問題を計算機で如何に効率よく処理するかというのは計算幾何学の重要な目的である．

　本書では，多くの応用問題から選んできた代表的な問題を題材とし，計算幾何学の最新の結果を紹介しながら，計算幾何学における基礎概念と基本的な手法について解説する．この章では，計算幾何学の基礎概念と次章以降で必要になる基本的なデータ構造について説明する．

1.1 計算幾何学とは

　計算幾何学 (computational geometry) という名称は，1971年の英国学士院の論文集に掲載されたForrestの論文で初めて使われた [40]．そこでは，スプライ

曲線(曲面)による幾何模型製作のようなCADの分野の計算手法に関する研究を述べるためにこの名称が使われている．このときのトピックは幾何学というよりむしろ数値解析に近いものであった．その後，この名称は多少異なった分野に付けられるようになった．「計算幾何学」の新しい使い方は，1975年にカーネギーメロン大学のShamosの博士学位論文によって始まり，そこでは幾何学的な問題を取り扱うアルゴリズムの設計と解析のことを指すようになった[88]．これが本書で使われる「計算幾何学」の意味である．この二つの異なる分野を区別するため，「連続的な計算幾何学」(continuous computational geometry)をForrestによって名付けられる領域とし，「離散的な計算幾何学」(discrete computational geometry)をShamosによって名付けられる領域とすることができる．

　計算幾何学は理論計算機科学(theoretical computer science)の一研究分野として発展している．理論計算機科学の他の分野の影響を受けながら，この比較的若い分野は，直線，多角形，円といった幾何学的な対象に関する問題に対し，効率の良いアルゴリズムを開発することに集中してきた．もっと正確にいえば，計算幾何学とは，「アルゴリズムの設計と解析」や「計算複雑さ」というより広い主題の中で，幾何学的な問題に対する計算構造を解析し，効率の良いアルゴリズムを開発する研究分野である．

　計算幾何学が独立した研究分野として確立される以前に，既に多くの研究がなされている．紀元前300年頃，Euclidによってまとめられた原論は初等幾何学の基礎となった．古典的幾何学における主な証明が構成的であることから，幾何アルゴリズムはこれと同じ歴史を持つともいえる．今世紀に入って，幾何学は多方面に発展した．計量幾何学，凸多面体理論，組合せ幾何学などは，高速なアルゴリズムを開発する際に重要な役割を果たしている．このように，現代のコンピュータのためのアルゴリズムを開発するのに，過去の数学者の仕事が役に立つことは多い．

　Shamosらの先駆的な研究の後，計算幾何学は急速に発展し，数年のうちに立派な学問分野として認められるようになった．現在でも年間に数百篇もの研究論文が発表されている．計算幾何学は，従来からの研究分野「アルゴリズムの設計と解析」において標準的となっているデータ構造と基本的な技法も用いるが，一方で，独自なデータ構造と計算技法(例えば，区分木，領域木，走査法，領域法など)を発展させつつある．これらの発展がアルゴリズムの理論に貢献するのはも

ちろんであるが, 長年にわたって未解決となっていた他分野の問題を解決することに繋がることもたびたびあった. いずれにせよ, 計算幾何学が理論計算機科学の中で最も活気に溢れる分野のひとつであることはまちがいない.

計算幾何学は数多くの応用によって育てられる. 多くの応用分野に内在する幾何問題は常に高速なアルゴリズムが求められる. そのような応用例を下に示す.

* コンピュータグラフィックス
    隠面除去, ウィンドークリッピング, 幾何的な近隣関係の計算.
* CADとVLSI設計
    メッシュ生成, 幾何物体の合併と交差, 部品の配置と配線経路.
* ロボティックスとCAM
    最短経路, 障害物回避のための経路計画, 自動化工場.
* 画像処理とパターン認識
    手書き文字の特徴抽出 (例えば, 骨格線など), データの圧縮.
* 地理情報処理
    地図における検索および探索 (例えば, 指定された範囲にある目標物の列挙, または指定された点の位置決定など).

計算幾何学における問題は, 問題に含まれる幾何的な性質により, 交差問題, 凸包問題, ボロノイ図構成 (あるいは最近点) 問題, アレンジメント構成問題, 幾何的探索問題, 警備 (あるいは可視性) 問題といった種類 (クラス) に分けることができる. これらのクラスの間にも, 例えば, 2次元のボロノイ図を3次元の凸多面体から求めることができるように, 相互にさまざまな関係がある. 本書の第2章から, 問題のクラスごとに代表的な問題を選び, 最新の結果を紹介しながら計算幾何学における基本的な手法を解説する. さらに, 実際の問題への応用についても触れる. 幾何アルゴリズムに対する親近感を持たせるため, 身近でかつ簡単な問題から始め, 徐々に内容を深めて行くことを心掛ける. 必要に応じて, プログラムへの実現について詳しく論じたり, 複雑なアルゴリズムの詳細を省いたりすることもある.

計算幾何学は, 古い歴史的な背景があること, 新しいアルゴリズムがいまだに開発されていること, しかも, 多くの重要な応用分野において, これらのアルゴリズムへの需要があることから, 興味深い研究対象である.

1.2
用語と記法

この節では，計算幾何学で用いられる主な用語と記法をまとめて簡単に説明する．

d 次元ユークリッド空間． d 個の実数の組 $(x_1,\ldots,x_d)$ の集合で，$(x_1,\ldots,x_d)$ と $(x'_1,\ldots,x'_d)$ との距離が $(\sum_{i=1}^{d}(x_i-x'_i)^2)^{1/2}$ で与えられる空間を d 次元ユークリッド空間といい，E^d と表す．

点． d 個の実数の組 $(x_1,\ldots,x_d)$ で E^d の点を表す．

直線，平面，線形多様体． E^d の二つの異なる点 p_1 と p_2 に対し，次の線形結合 (linear combination)

$$\alpha p_1 + (1-\alpha)p_2 \qquad (\alpha \in R)$$

(で表される点の集合) は，E^d の直線と呼ばれる．ここで，R は実数の集合である．より一般的には，k 個の線形独立な点 $p_1,\ldots,p_k$ ($k \leq d$) に対する線形結合

$$\alpha_1 p_1 + \cdots + \alpha_{k-1}p_{k-1} + (1-\alpha_1-\cdots-\alpha_{k-1})p_k$$
$$(\alpha_i \in R, i=1,\ldots,k-1)$$

は，E^d 上の $(k-1)$ 次元の線形多様体 (linear variety) と呼ばれる．また，E^3 上の2次元線形多様体は平面と呼ばれ，E^d 上の $d-1$ 次元の線形多様体は超平面 (hyperplane) と呼ばれる．

線分． E^d の二つの異なる点に対し，$0 \leq \alpha \leq 1$ の条件が付加された式 $\alpha p_1 + (1-\alpha)p_2$ (で表される点の集合) は，p_1 と p_2 を結ぶ直線線分を表す．通常，この線分を，$\overline{p_1 p_2}$ と記す．

凸領域 (凸集合)． E^d 上の領域 D における任意の二つの点 p_1 と p_2 に対し，線分 $\overline{p_1 p_2}$ が D 内に完全に含まれるとき，領域 D は凸 (convex) であるという．

凸包． E^d 上の点の集合の凸包 (convex hull) とは，その点集合を含む最小の凸領域の境界である．(境界ではなく凸領域そのものを意味する場合もある．)

平面グラフ． グラフ $G = (V, E)$[*1] は，枝を交差することなく平面上に描画できるとき平面グラフ (planar graph) と呼ばれる．平面グラフの枝を直線線分によっ

[*1] V は頂点の集合，E は辺の集合．頂点と辺はそれぞれ点，枝ともいう．

て平面上に描画したものは，平面を互いに素な領域に分割する．そのような分割を平面分割と呼ぶ．有界な領域がすべて凸であるとき，その平面分割は凸であるという．

G のどの2頂点間にも路がある(つまり，枝をたどって行ける)とき，G は連結であるという．連結な平面グラフ G の面(すべての有界な領域と一つの非有界な領域)の集合を F で表す．$|V|$, $|E|$, $|F|$ をそれぞれ平面分割における点数，枝数，面数とする．このとき，

$$|V| - |E| + |F| = 2$$

というオイラー(Euler)の公式が成立する．一般に，関係式 $|E| \leq 3|V| - 6$, $|F| \leq 2|E|/3$, $|F| \leq 2|V| - 4$ が成立する．

三角形分割． 平面分割は，その有界な領域がすべて三角形であるとき，三角形分割と呼ばれる．平面上の有限点集合 S を V とするグラフの平面分割において，有界な領域がすべて三角形であるとき，その平面分割を点集合 S の三角形分割と呼ぶ．

多角形． E^2 における多角形は，線分の有限集合で以下の条件を満たすものである：(i) 線分のどの端点もちょうど二つの線分に共有される．(ii) 線分集合のどの真部分集合も条件(i) を満たさない．そのような線分を多角形の辺と呼び，端点を頂点と呼ぶ．多角形は，連続する辺以外で点が共有されないとき (すなわち，自己交差がないとき)，**単純** (simple)であるという．単純多角形は，平面を二つの互いに素な領域に分割する．すなわち，多角形によって分けられる内部領域(有界) と外部領域(非有界) に分割する．多角形という用語で，多角形の境界とその内部領域を表すこともある．内部領域が凸である単純多角形を**凸多角形** (convex polygon) と呼ぶ．

多面体． E^3 における多面体は，有限の平面多角形の集合で以下の条件を満たすものである：(i) 多角形のどの辺もちょうど二つの多角形に共有される; (ii) 多角形集合のどの真部分集合も条件(i) を満たさない．多角形の頂点と辺は多面体の頂点と辺と呼ばれ，多角形は多面体の面と呼ばれる．多面体は，隣接する面と辺以外で点が共有されないとき，単純であるという．単純多面体は，空間を二つの互いに素な領域，内部領域(有界) と外部領域(非有界) に分割する．多角形の場合と同じように多面体という用語で，多面体の境界とその内部領域を表すこともある．内部領域が凸である単純多面体を凸多面体と呼ぶ．

多面体の表面は平面分割とみなすことができる．したがって，多面体の頂点数 $|V|$, 辺数 $|E|$, 面数 $|F|$ は，オイラーの公式 $|V| - |E| + |F| = 2$ に従う．

アレンジメント． E^d 上の超平面の集合のアレンジメント(arrangement)とは，超平面による d 次元空間の分割のことである．

議論を簡単にするため，本書では入力の幾何データが**退化**していないと仮定する．入力データが退化していないとは，通常，どの3点も完全に一直線上にのることはなく，また，どの3本の直線も同じ交点で交わらない，さらに，どの2本の直線も重ならないことを意味する．たいていの場合，この仮定を満たさない入力に対しても，アルゴリズムの細部を変更するだけで十分対応できるが，そうすると，アルゴリズムの記述が冗長になってしまう．ここでは，あえて入力の幾何データが退化していないと仮定しておく．

計算機で幾何的な対象を扱うには，それらの計算機内での表現方法を決めておく必要がある．平面上に定義される幾何図形の表現の仕方を下に示す．明らかに，この表現方法は3次元以上の多次元空間にも拡張できる．

まず，点を表す構造体を次のように定義する．

```
struct point { int x, y; };
```

点の構造体を宣言しておくと，一つの点を表す構造体変数 p は

```
struct point p;
```

として宣言することができる．このとき，変数 p は二つの属性 x, y を持ち，それぞれの属性値は，$p.x$, $p.y$ で表される．点の x, y 座標が整数型 int で表示できない場合は，それを浮動小数点数型，例えば，float に書き換えればよい．ただし，整数に関する計算は速いだけではなく誤差も生じないので，できる限り整数型の変数を使うように心掛けてほしい．多数の点を蓄える場合には配列構造を用いる．例えば，線分と多角形は，次のように宣言する．

```
struct point LineSeg[2] ;
# define PMAX 1000 /* 多角形の最大の頂点数 */
struct point Polygon[PMAX] ;
```

1.3 計算のモデルと計算量

　計算のモデルとは，その上で実行できる基本操作とそのコストを定めた計算機構のことをいう．本書では，実数演算を備えたランダムアクセス機械(random access machine, RAM) を計算のモデルとする．そのような計算機では，一つのメモリ単位に一つの実数を蓄えることができ，種々の演算操作，例えば，加算，乗算，それに除算を，それぞれ一単位時間で実行できる．場合によって，他の操作，例えば，2本の直線の交点を求める計算とか，2点間の距離の計算を基本操作として定義することもできる．これらの基本操作はいずれも定数時間内で実行できるものとする．本書では，実数演算が誤差なく行われると仮定する．実数演算によって生じる計算誤差の解析と，計算誤差があっても暴走しない幾何アルゴリズムの研究も活発に行われている．第8章では，それについて少し触れる．

　アルゴリズムの良さを評価する尺度として，そのアルゴリズムにしたがって計算を実行した場合の計算時間，または，使用した記憶領域の量を用いる．いずれの場合も，それらの値が小さい程良いアルゴリズムである．実際の計算では領域計算量(space complexity) にくらべ時間計算量(time complexity) のほうが重要になることが多い．時間計算量については，一般にアルゴリズムにしたがって実行される重要な操作(例えば，比較)の回数だけを数え，入力サイズ n の関数 $f_t(n)$ として表す．もちろん，他の操作の回数がせいぜい着目している操作の回数に比例するだけであることを確認しなければならない．領域計算量については，アルゴリズムが実行されるとき，実際に使用した記憶領域の最大量を数え，入力サイズ n の関数 $f_s(n)$ として表す．

　次に計算量に関する記法をまとめておく．まず，実数 r に対して，$\lfloor r \rfloor$, $\lceil r \rceil$ はそれぞれ r 以下の最大の整数，r 以上の最小の整数を表す．また，log は底が2の対数を表すものとする．本書では，アルゴリズムの性能を表すために，次のKnuthの記法を用いる [66].

　　　$O(f(n))$ は，次の条件を満たす関数 $g(n)$ の集合を表す: ある正
　　　　　数 C と n_0 が存在し，n_0 より大きいすべての n に対して

$g(n) \leq Cf(n)$ が成り立つ.

$\Omega(f(n))$ は，次の条件を満たす関数 $g(n)$ の集合を表す：ある正数 C と n_0 が存在し，n_0 より大きいすべての n に対して $g(n) \geq Cf(n)$ が成り立つ.

$\Theta(f(n))$ は，次の条件を満たす関数 $g(n)$ の集合を表す：ある正数 C_1, C_2 と n_0 が存在し，n_0 より大きいすべての n に対して $C_1 f(n) \leq g(n) \leq C_2 f(n)$ が成り立つ.

$o(f(n))$ は，次の条件を満たす関数 $g(n)$ の集合を表す：すべての正数 C に対して定数 n_0 が存在し，n_0 より大きいすべての n に対して $g(n) < Cf(n)$ が成り立つ.

したがって，アルゴリズムの計算量が $O(f(n))$ であるとは，入力のサイズ n に対し計算量が $f(n)$ より大きくならないということを意味し，$O(f(n))$ は計算量の上界を表している．逆に，計算量が $\Omega(f(n))$ であるとは，計算量が $f(n)$ より小さくならないことを意味し，$\Omega(f(n))$ は計算量の下界を表している．$\Theta(f(n))$ は，上界と下界が一致する最適なアルゴリズムの計算量を表す．

1.4 基本データ構造

アルゴリズムの実行過程では，データの集合に対しデータの挿入や削除，さらに特定のデータへのアクセスのような基本的な操作が繰り返し実行される．そのような基本操作を効率よく実行できるようにデータの集合にある種の構造を与えたものをデータ構造という．適切なデータ構造を用いることは，アルゴリズムの効率を向上させるだけでなく，アルゴリズムを設計するときに，データ操作のこまごまとした処理から離れてアルゴリズムの全体的な構成に思考を集中させることを可能にする．

アルゴリズムとデータ構造に関する教科書 (文献 [2, 3, 5, 53, 55, 56, 59, 107] ほか) ではデータ構造が詳しく解説されている．ここでは，データ構造になじみのない読者のために簡単な解説を行う．

1.4.1 リスト

n 個のデータの系列を計算機の上で表現するとき，各データごとに次のデータを指すポインタを持たせたものを**リスト** (list) という．したがって，リストの一つの要素にはデータ部とポインタ部がある．(以下では，データ構造の中に蓄えられる一つのデータのことを要素と呼ぶ．) 図 1.1(a) にリストの例を示す．リストの先頭にはポインタ部のみの要素がある．また，リストの最後尾にはデータ部のみの要素がある．リストへの要素の挿入 (図 1.1(b)) や削除 (図 1.1(c)) はポインタの付け替えにより行うため，リスト中の要素数と関係なく一定の時間で実行できる．

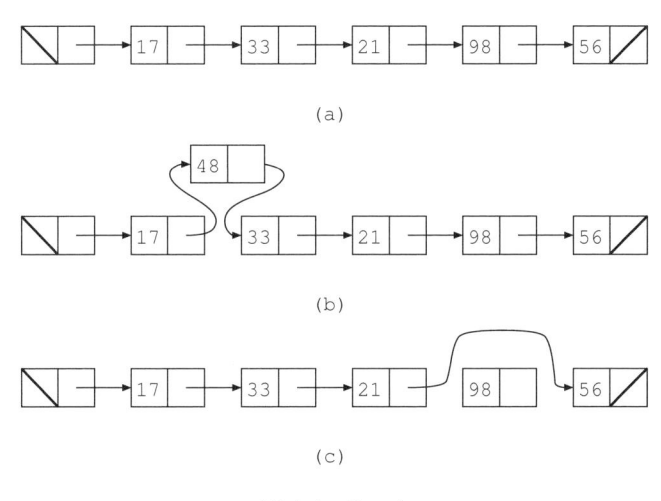

図 1.1 リスト

図 1.2 配列によるリストの実現

リストを実現する一つの方法は，図 1.2 に示すように，二つの配列を用いることである．同図では，$data[i]$ と $next[i]$ の対がリストの一つの要素に対応し，$data[i]$

にデータ部が入り，$next[i]$ にポインタ部が入る．$next[0]$ はリストの先頭の要素を指している．$next[i]$ の値が 0 となっているときは，その要素がリストの最後尾であることを意味する．

配列によるリストの実現方法では，最初に配列のサイズを指定しなければならない．これはあらかじめデータ数がわからない場合には都合が悪い．伸縮自在というリストの特徴を生かすには，リストの要素をポインタ型の変数を含む構造体として定義するのが普通である．

```
typedef int datatype;    /* データの型宣言 */
typedef struct element {   /* 要素の型宣言 */
        datatype data;
        struct element *next; /* 次の要素へのポインタ */
} *elementptr;   /* elementptr は要素を指すポインタ */
```

さらに，C言語における動的割り付けの関数 malloc( ) を下のように使えば，必要に応じてリストの要素を増やすことが可能になる．

```
elementptr item; /* 構造体変数 item の型宣言 */
              ⋮
item = malloc(sizeof *item); /* item を蓄える領域の割り付け */
```

1.4.2 スタックとキュー

リストの先頭にのみ要素の挿入と削除ができるデータ構造は**スタック** (stack) と呼ばれる．したがって，スタックは 1 次元の配列と一つのポインタ変数を用いて実現することができる．図1.3(a) には，5 個の要素が格納されているスタックを示す．

スタックに要素を格納する操作は**プッシュ**(push) と呼ばれ，スタックから要素を取り出す操作は**ポップ**(pop) と呼ばれる．ポインタ変数を top としよう．スタックへの要素の格納（図1.3(b)）や取り出し（図1.3(c)）は変数 top の増減（$top \leftarrow top+1$ または $top \leftarrow top-1$）によって行われるため，スタックの中の要素数と関係なく一定の時間で実行できる．図1.3 に示されるように，後から入った要素が先に出

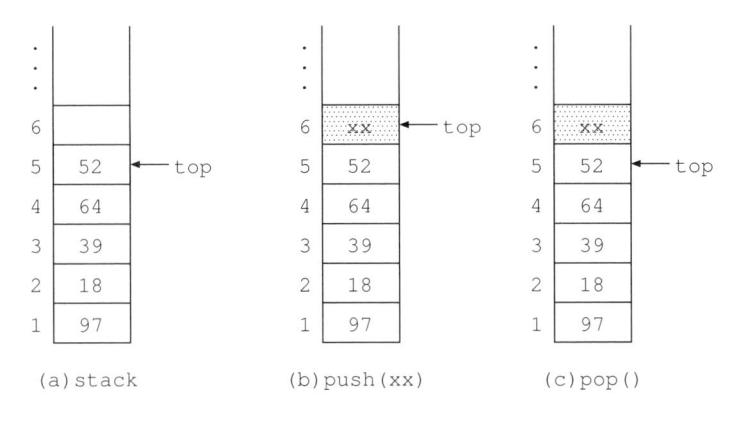

```
           6            6  xx  ← top      6  xx
    5  52  ← top      5  52                5  52  ← top
    4  64              4  64                4  64
    3  39              3  39                3  39
    2  18              2  18                2  18
    1  97              1  97                1  97

      (a) stack       (b) push(xx)        (c) pop()
```

図 1.3　スタック

てくるので，スタックは**後入れ先出し** (last-in first-out, LIFO) 方式のデータ構造である．

　要素の挿入はリストの一方の端で行われ，削除は他方の端で行われるようなデータ構造を**キュー** (queue) という．したがって，キューは配列と二つのポインタ変数を用いて実現できる．図1.4にキューの一つの例を示す．ポインタ変数 $front$ と $rear$ はそれぞれキューの先頭と最後尾の要素を指す．キューは，先に入った要素が先に出てくるので，**先入れ先出し** (first-in first-out, FIFO) 方式のデータ構造である．

```
   queue  |   | 80 | 64 | 93 | 25 | 14 |   |
                front              rear
```

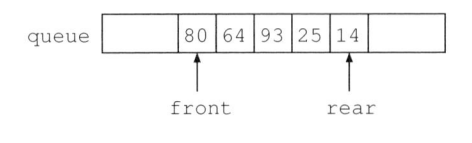

図 1.4　キュー

1.4.3　ヒープ

　スタックとキューでは，取り出す要素の順番は，それらの挿入された順番に依存している．しかしながら，実際には，現在格納されている要素のうち最小または最大のものを取り出したい場合がある．これを実現するデータ構造が**ヒープ**

(heap)であり，**順位付きキュー**(priority queue) とも呼ばれる．

ヒープを実現するには，**木**(tree)と呼ばれるグラフが用いられる．一般的に，木はいくつかの頂点とそれらを結ぶ枝から構成される(図1.5(a)を参照)．木には**根**(root)と呼ばれる特別な頂点が一つある．u と v が枝によって結ばれており，しかも u の方が根に近いとき，u を v の**親**と呼び，v を u の**子**と呼ぶ．したがって，根には親がない．子を持たない頂点を**葉**(leaf)と呼ぶ．同じ親を持つ頂点同士を**兄弟**という．また，根から頂点 w への路上にある各頂点を w の**先祖**と呼び，w を先祖とする頂点を w の**子孫**と呼ぶ．根から葉への路の中で最も長いものの長さ(枝の数)は木の**高さ**という．

ヒープは，**2分木**(binary tree)と呼ばれる木(どの頂点も2個以下の子を持つ)の一種で，各点に要素が1対1に割り当てられており，しかも次の条件を満たすものである．それは，「頂点 v の要素が v のすべての子孫の要素より小さいか等しい」という**ヒープ条件**である．このヒープ条件より，最小の要素は常に木の根に蓄えられていることがわかる．

ヒープの例を図1.5(a)に示す．(この2分木は上から順に頂点が詰まっていて最下段の頂点が左詰めになっていることに注意．) これを配列を用いて実現した様子を図1.5(b)に示す．つまり，根に割り当てられる要素は配列の1番目に入り，根の左の子と右の子はそれぞれ2番目と3番目に入る．一般的に，頂点 v に割り当てられる要素を配列の i 番目に配置すれば，v の左の子は配列の $2i$ 番目に入り，右の子が $2i+1$ 番目に入ることになる．この定義により，n 個の要素を格納するヒープの高さが $\lfloor \log n \rfloor$ であることがわかる(練習問題 1-7)．ヒープに関する主な操作は要素の挿入と最小要素の削除である．詳細は省くが，n 個の要素からなるヒープに対してどちらの操作もヒープの高さに比例する時間でできる [53, 59]．

1.4.4　2分探索木

S を n 個のデータの集合とし，x を任意のデータとするとき，次の三つの基本操作を考えよう．

　$find(x)$: $x \in S$ であるか否かを判定(または x を検索)する．
　$insert(x)$: $x \notin S$ なら集合 S に x を挿入する．
　$delete(x)$: $x \in S$ なら集合 S から x を削除する．

これらの三つの基本操作を効率よく実行するために，あらかじめ S のデータ

(a)

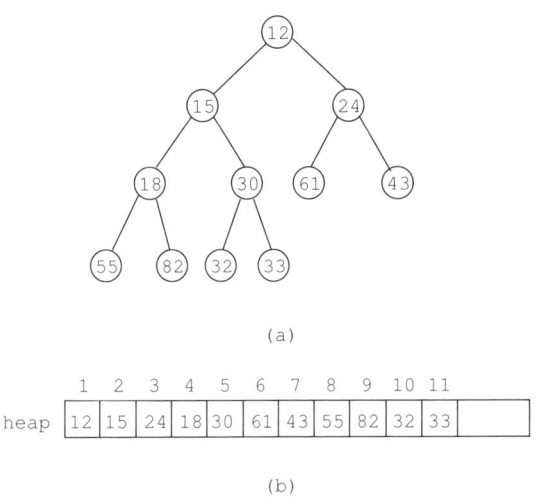

```
        1  2  3  4  5  6  7  8  9 10 11
heap   12 15 24 18 30 61 43 55 82 32 33
```

(b)

図 1.5　ヒープ

をある規準で (例えば, 数値なら値の昇順または降順に, 文字ならアルファベット順に) 並べ替えておくのは普通である. なお, 以上の機能をもったデータ構造は**辞書** (dictionary) と呼ばれる.

辞書を実現する最も簡単な方法は, 上に述べたように 1 次元配列に要素を順番に蓄えるというものである. このとき, 検索には 2 分探索 (binary search) が使える. まず, 検索したいデータ x を配列の中央の要素と比較し, 一致するならその答えを出力して終了する. 一致しないときには, x と中央の要素との大小関係で検索の範囲 (つまり, 考慮すべき配列の長さ) を半分に短縮することができる. したがって, 配列に n 個の要素が蓄えられているとき, 検索は $O(\log n)$ 時間でできる. しかし, 新たな要素を配列の途中に挿入したり, 途中の要素を削除したりするとき, 後ろの要素を全部 1 個ずつ移動しなければならず, 最悪の場合には 1 回の挿入または削除に $O(n)$ 時間がかかる.

挿入と削除の操作を効率よく行うため, **2 分探索木**を使って辞書を実現することが多い. 2 分探索木はアルゴリズム理論における基本的なデータ構造である. ここでは具体的なプログラムを交えてその実現方法を解説する.

2 分探索木は前項で述べたヒープとよく似ているが，ヒープでは各頂点 v の要素は v のすべての子孫の要素より小さいか等しいのに対して，2 分探索木では各頂点 v の左部分木の要素はすべて頂点 v の要素以下であり，右部分木の要素はすべて頂点 v の要素以上である．図 1.6 に 2 分探索木の例を示す．

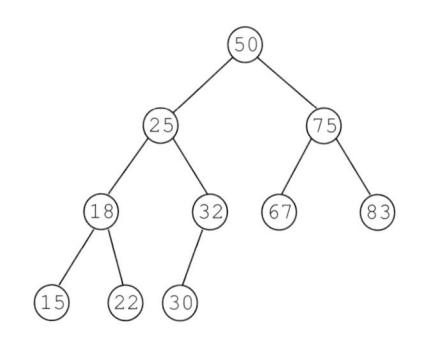

図 1.6　2 分探索木

計算機上で 2 分探索木の頂点を表すのに，次のような構造体を用いる．

```
typedef int datatype;     /* データの型宣言 */
typedef struct node {     /* 2分木の頂点の型宣言 */
        datatype data;    /* 頂点に蓄えるデータ */
        struct node *lson, *rson; /* 左右の子頂点へのポインタ */
} *nodeptr; /* nodeptr は頂点を指すポインタ */
```

基本操作のプログラムを簡潔にするために，以下のような工夫をする．まず，2 分探索木の初期化として，ダミー頂点のみからなる空の探索木を生成する．ダミー頂点のデータ部には S の要素となりうるものより小さい値（下のプログラムでは -1）が設定されている．したがって，ダミー頂点の右の子が指しているところが 2 分探索木の根である．次に，nil という特別な頂点を宣言し，すべての葉の子にする．このようにして得られた 2 分探索木を図 1.7 に示す．同図では，S のデータを表す頂点を実線で，ダミー頂点を点線で描かれる円で示し，特別な頂点 nil を四角で示す．(S の要素を表す頂点を内点と呼び，特別な頂点 nil を外点と呼ぶこともある．)

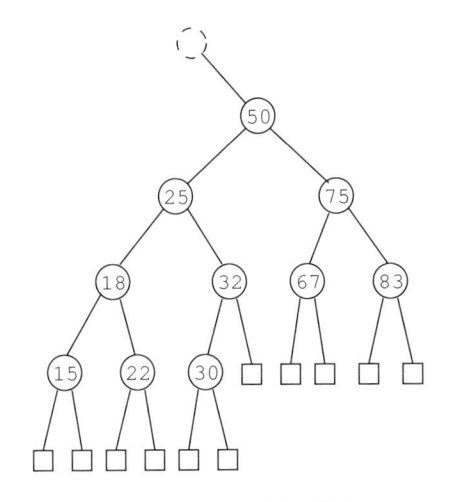

図 1.7 ダミー頂点の導入

```
struct node nil; /* 特別な頂点nilを宣言する */
nodeptr root;

int initialize( )
{
        root = malloc(sizeof *root);
        if (root == NULL)   return 0; /* メモリ不足，割り付けが失敗 */
        root->data = -1;
        root->rson = root->lson = &nil;
        /* ダミー頂点のみからなる空の探索木を生成する */
        return 1;
}
```

検索操作 $find(x)$ は次のように行う．根から始めて，与えられたデータ x を現在訪れている頂点 v の要素と比較し，x の方が小さいならば次に v の左部分木を訪れ，x の方が大きいならば v の右部分木を訪れる．途中で x に等しい要素が見つかれば，その旨を出力して検索を終了する．2分探索木の葉に到達しても x に等しいものが見つからなかった場合には，データ x がこの2分探索木に含まれな

いと結論する．

```
int find(datatype x)    /* 検索 */
{
nodeptr p;
        p = root;
        while (p != &nil)
            if (p->data == x)    return 1; /* 見つかった */
            else if (p->data > x)    p = p->lson;
            else p = p->rson;
        return 0; /* 見つからない */
}
```

挿入操作 $insert(x)$ は $find(x)$ と同様な方法で2分探索木を探索し，最後に訪れた頂点に x を新たな子として適切に付け加える．もちろん，2分探索木に要素 x が既にあった場合は，その旨を出力して終了する．この関数を下に示す．

```
int insert(datatype x)    /* 2分探索木への挿入 */
{
nodeptr p, q;
        p = root;
        while (p != &nil)
          {
            q = p;
            if (x == p->data)    return 0; /* xが既に含まれている */
            if (x < p->data)    p = p->lson;
            else p = p->rson;
          }
        p = malloc(sizeof *p);
        if (p == NULL)    return 0; /* メモリ不足，挿入失敗 */
        p->data = x;
        p->lson = p->rson = &nil;
        if (x < q->data)    q->lson = p;
```

```
        else q->rson = p;
        return 1; /* 挿入成功 */
}
```

削除操作 $delete(x)$ は少し複雑になる．まず，$find(x)$ と同様にして x が入る頂点 v を見つける．このとき，v が葉ならば v を削除して終了する．v が葉ではないがちょうど一つの子を持つときは，単に頂点 v を v の子で置き換えるだけでよい．v が二つの子を持つときは，x の次に大きな要素を探して，これを頂点 v に割り当てる．そのために，v の右の子を出発点としてそこから左の子を繰り返したどる．このようにして頂点 u において左の子がなくなれば，頂点 u が x の次に大きな要素となり，これを頂点 v に移す．もし，u の頂点に右の子があれば，この子を u の位置まで持ち上げる．

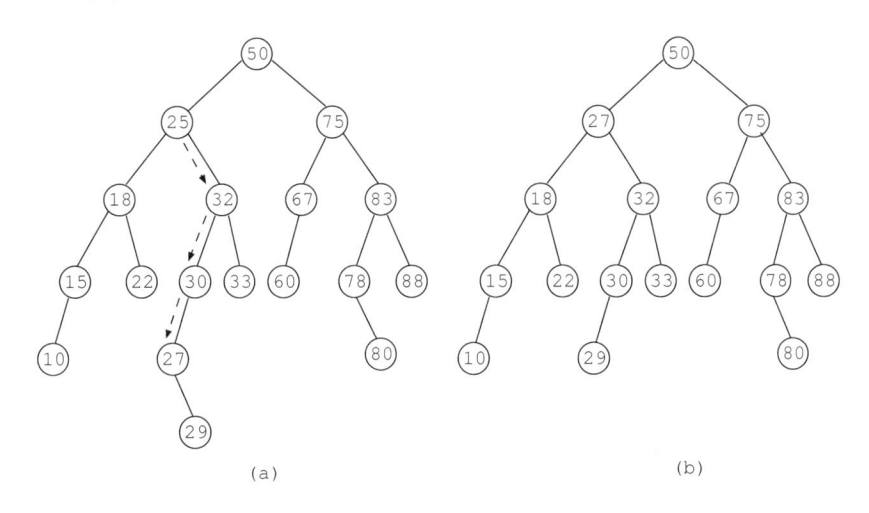

図 1.8　2分探索木に対する削除操作の例

図1.8(a) の2分探索木に対し $delete(25)$ を実行した結果は同図 (b) のようになる．破線はデータ25の頂点からその次に大きなデータ27を蓄える頂点に辿りついた路を示す．削除操作 $delete(x)$ のプログラムを下に示す．

```
int delete(datatype x)    /* 削除 */
{
nodeptr f, p, q;
        p = root;
        while (x != p->data || p != &nil)
            {
               f = p;
               if (p->data > x)      p = p->lson;
               else p = p->rson;
            }
        if (p == &nil)    return 0;   /* 見つからない */
        if (p->lson == &nil || p->rson == &nil)
            {
               if (p->lson == &nil)     q = p->rson;
               else q = p->lson;
               if (f->lson == p)    f->lson = q;
               else f->rson = q;
            }
        else
            {
               q = p->rson;     f = q;
               while (q->lson != &nil)
                  {
                     f = q;    q = q->lson;
                  }
               p->data = q->data;
               if (q == f)    p->rson = q->rson;
               else f->lson = q->rson;
            }
        return 1;    /* 削除成功 */
}
```

基本操作 $insert(x)$ と $delete(x)$ のプログラムを読みやすくするために，"頂点へのポインタへのポインタ"は使っていない．C言語に詳しい読者にとっては，"ポインタへのポインタ"を使った方が便利かもしれない (練習問題 1-8)．

$find(x)$, $insert(x)$ と $delete(x)$ の実行時間が木の高さに比例することは容易にわかる．木の左右のバランスが取れている(すなわち，各頂点における左部分木と右部分木の頂点数がほぼ同じである)場合，2分探索木の高さは $O(\log n)$ である．しかし，要素の挿入順序や削除の仕方によって木の高さが $O(n)$ になることもある (練習問題 1-9)．したがって，要素の挿入や削除を繰り返し行っても2分探索木の高さが変わらないようにする工夫がいる．

1.4.5 平衡2分探索木

この項では，要素の挿入や削除がどのような順で行われても常に各頂点の左右のバランスを保つ2分探索木を紹介する．このような2分探索木は**平衡2分探索木** (balanced binary search tree) と呼ばれる．n 個の頂点を持つ平衡2分探索木は，その高さが $O(\log n)$ になるため，三つの基本操作は常に $O(\log n)$ 時間で行える．平衡2分探索木を実現するためのデータ構造としては，**AVL 木**, **2-3 木**, **2色木** (red-black tree) 等が代表的なものである．ここでは，プログラムへの実現が比較的容易な2色木を紹介する．

2色木は2分探索木の頂点に次の三つの条件を満たすように赤または黒の色を塗ったものである．

(i) 外点の色は黒である．
(ii) 根から外点に至る路はどれも同じ数の黒点を含む．
(iii) どの赤点も親があればそれは黒点である．

2色木の定義より木の高さは $O(\log n)$ であることが分かる (練習問題 1-11)．2色木での基本操作 $find(x)$ は通常の2分探索木と同様である．$insert(x)$ と $delete(x)$ も基本的には2分探索木と同じであるが，これらの操作を行うと，2色木の条件が満たされなくなる場合がある．

回転 (rotation) はそのようなときに木の変形を行うための操作である．図1.9に回転の様子を示す．回転は頂点b以下の各部分木をこの図のようにつなぎ直す．このようにしても，内点に割り当てられている要素の順序は崩れないことに注意

しよう．なお，この図とは逆に右から左への回転もある．

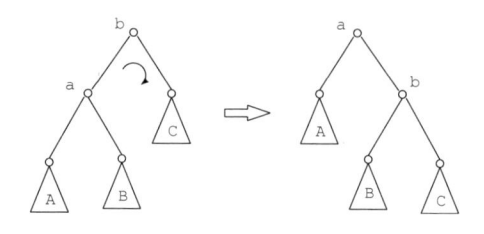

図 1.9　回転

insert(x) の実現

2色木における要素の挿入は2分探索木と同様に行う．新たに挿入された内点 v には赤色を塗る．このとき，2色木の条件が満たされなくなる可能性がある．v の親 u が黒色であれば問題ないが，u が赤色だった場合，条件 (iii) が満たされなくなる．そのときは u の兄弟の色により図1.10と図1.11のような変換を実行する．(図で白抜きの頂点が黒点で，塗りつぶされた頂点が赤点である．各頂点の下の部分木は省略してある．) これらの変換は可能なときはいつでも実行するものとする．図1.10は u の兄弟が赤の場合である．この変換は色の交換と呼ばれ，これにより赤い頂点が木の上の方に昇って行く．赤い色の親頂点 u が木の根 r となったときには，r の色を黒に替える．(このとき，条件 (iii) の違反は解消され，しかも条件 (ii) にも違反しないことに注意しよう．) なお，ここでは対称な配置は省略している．図1.11は u の兄弟が黒の場合であり，(a) では回転を一回，(b) では2回の回転 (double rotation) を行っている．なお，図1.11(a) では部分木は省略している．

挿入操作 $insert(x)$ を1回実行するとき，色の交換はたかだか $O(\log n)$ 回であり，回転はたかだか2回であることに注意しよう．

delete(x) の実現

要素の削除も2分探索木の場合と同様に行う．x の次に大きい要素 y が入っていた頂点 u の右の子 (内点または外点) を w とする．u は削除され，w は頂点 u の親 p の子として登録される．このとき，頂点 w の子孫である外点では黒が1個足りないという事態が生じる．このことを"頂点 w は黒が不足している"と言

1.4 基本データ構造　21

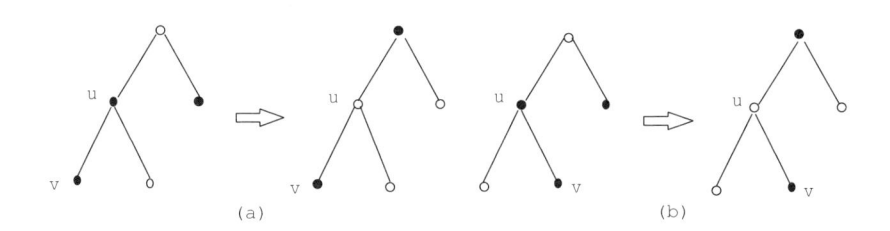

図 1.10　色の交換

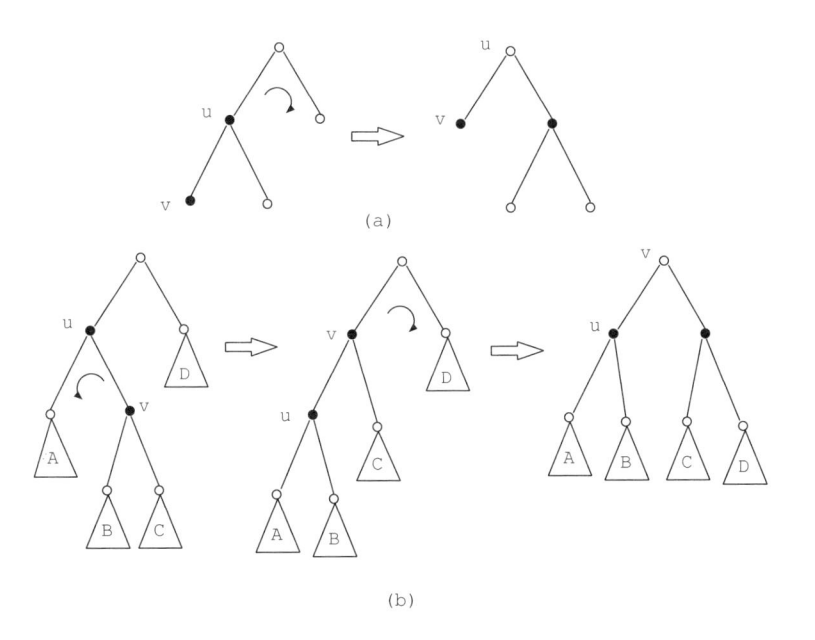

図 1.11　回転と二重回転

うことにする．黒が不足しているという事態を解消するために図 1.12 のような変換を実行する．この図は黒が不足している頂点 w とその周辺の頂点（w の親 p，w の兄弟 z と z の子）の色によって場合分けがしてある．黒が不足している頂点にはマイナスの記号が付いている．図 1.12(a) の変換は黒が不足している状態を上昇させる．この変換を繰り返すのが基本方針である．図 1.12(a) の変換が適用できないとき，(b)～(e) のいずれかが適用できる．図 1.12(b) の変換を適用した場合は，その後 (c)～(e) のどれかを一回適用して終了する．

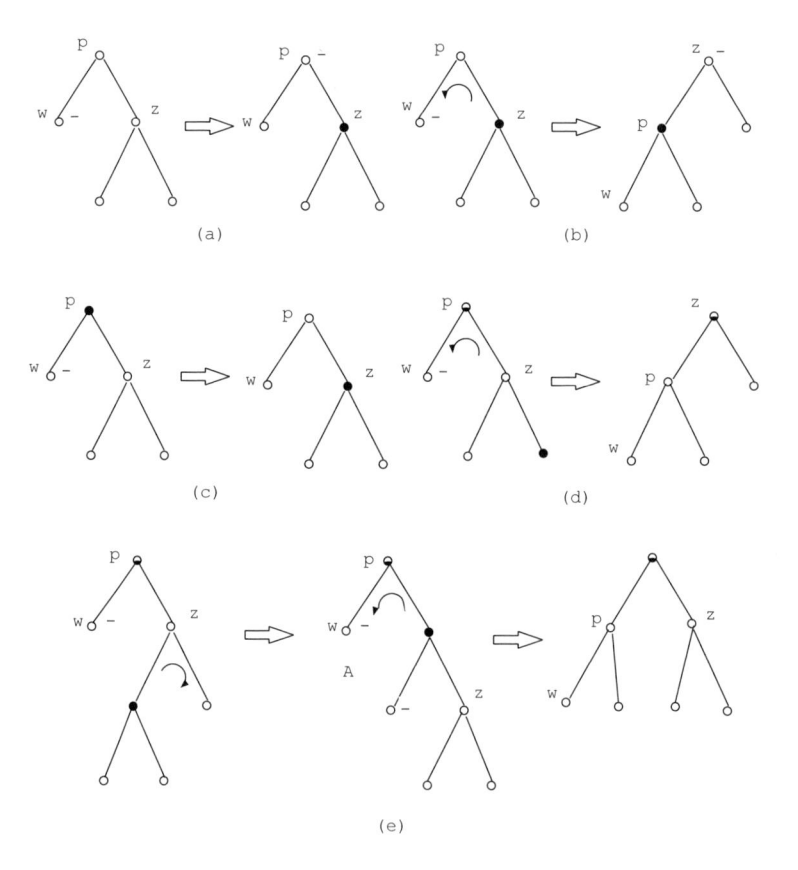

図 1.12　黒不足の解消（下側半分の塗りつぶしは赤または黒の頂点）

削除操作 $delete(x)$ を1回実行するとき，図1.12(a) の変換はたかだか $O(\log n)$ 回であり，回転はたかだか3回である．したがって，2色木における要素の探索，挿入，削除はいずれも $O(\log n)$ 時間で実行できる．

1.5
練習問題1

1. 平面上に20個の点の集合 S とその三角形分割をランダムに描く．点集合 S の三角形分割はオイラー公式に従うことを確認せよ．
2. 下のような多角形の例を描け．
   (a) 凸多角形．
   (b) 凸でない単純多角形．
   (c) 単純でない多角形．
3. ポインタ変数を用いて以下のようなリスト操作を行う関数を書け．
   (a) $insert(l, k, x)$: リスト l に x を k 番目のデータとして挿入する．
   (b) $delete(l, k)$: リスト l から k 番目のデータを削除する．
   (c) $show(l, k)$: リスト l の k 番目のデータを表示(出力)する．
4. 配列とポインタ変数(top)を用いてスタックを実現するとき，以下のような操作を行う関数を書け．
   (a) $push(s, x)$: スタック s にデータ x を格納する．
   (b) $pop(s)$: スタック s から先頭のデータを取り出す．
5. 配列とポインタ変数($front$ と $rear$)を用いてキューを実現するとき，以下のような操作を行う関数を書け．
   (a) $put(q, x)$: キュー q にデータ x を格納する．
   (b) $get(q)$: キュー q から先頭のデータを取り出す．
   (c) $empty(q)$: キュー q が空であるか否かを調べる．
6. 配列を用いてヒープを実現し，ヒープ内のデータの個数を変数 $size$ で表しているとき，以下のような操作を行う関数を書け．
   (a) $insert(h, x)$: ヒープ h にデータ x を挿入する．
   (b) $showMin(h)$: ヒープ h の最小データを表示(出力)する．
   (c) $deleteMin(h)$: ヒープ h の最小データを削除する．

7. 配列を用いてヒープを実現するとき，n 個のデータを格納するヒープの高さが $\lfloor \log n \rfloor$ であることを示せ．(ヒント：2分木の根からどの葉への路の長さも d または $d-1$ であり，かつ長さが $d-1$ より小さい各頂点はちょうど2個の子を持つ．図1.5参照)
8. "頂点へのポインタへのポインタ"を用いて2分探索木の基本操作 $insert(x)$ と $delete(x)$ を実現せよ．
9. n 個のデータが空の2分探索木に挿入されるとき，出来上がる2分探索木の高さが $O(n)$ となる例を挙げよ．
10. n 個のデータが空の2分探索木にランダムに挿入されるとき，出来上がる2分探索木の高さの平均が $\log n$ に比例することを示せ．(ヒント：n 個のデータの挿入される順序が $n!$ 種類あるが，これらはすべて同じ確率で起こるとする．)
11. 2色木の高さが $O(\log n)$ であることを示せ．

第2章

交　　差

　幾何的対象物を扱う応用分野において，対象物の間に互いに**交差** (intersection) があるかどうかを調べるのは自然なことである．例えば，VLSI回路をチップ上に実現するには，回路のショートを引き起こすような配線同士の交差を見つける処理が非常に重要である．また，コンピュータグラフィックスでは，特定の視点から見たときにどの対象物(または対象物のどの面)が他の対象物の陰に隠れているかを決定する隠面除去問題が重要であるが，これは視平面上への投影図の交差問題として知られている．さらに，工場の中で動きまわっているロボットがあちこちの装置にぶつからないように目的地までの経路を見出す問題もロボットと障害物との交差状態にかかわっている．たった一つのVLSIチップに数百万の配線が入る場合もあるだろうし，複雑なグラフィックス像は数十万本の線分を含む．したがって，このような応用問題では，交差を検出する効率の良いアルゴリズムが強く求められる．

　この章ではまず，2線分の交差を判定するプログラムについて考える．これは一見自明そうに見えるが，実は非常に間違いやすい．次に水平線分と垂直線分からなる集合に対して，交差する線分の対をすべて求めるアルゴリズムを示す．この問題の対象図形は単純であるが，VLSIなどの応用ではよく使われている．この問題を解くのに，平面走査法と呼ばれる手法が用いられる．線分の傾きに制限をつけない場合にも同じ基本方針でアルゴリズムを設計できる．最後に，交差問題の応用例として隠面除去などのアルゴリズムについて述べる．

2.1
2線分の交差

　最初に, 2本の線分が交差するかどうかを判定する問題を考えよう. 例えば, 図2.1(a)では線分が互いに交わっているが, 図2.1(b)では線分が交差しない. この問題に対して, 与えられた線分を含む直線同士の交点を計算し, その交点が両方の線分の端点の間にあるかどうかを調べるという直接的な解法が考えられる. この方法の問題点は, 2本の直線の交点を求めるのに除算が必要なことである. たとえ二つの端点の座標が整数で表されていても除算を実行すると計算誤差が生じ, 正確な交差判定が困難になる. また, 2本の直線が同じ傾きを持つときには, たとえ元の線分同士が重なっていたとしても (これも交わりの一種である), 交点は求まらない. さらに, 二つの端点 (x_1, y_1) と (x_2, y_2) を持つ線分に対して, それを含む直線の方程式は $(y-y_1)/(x-x_1) = (y_2-y_1)/(x_2-x_1)$ であるが, 線分が垂直な場合, 直線の勾配 $((y_2-y_1)/(x_2-x_1))$ は ∞ となる. これを特殊なケースとして処理しなければならないので, プログラムは複雑になる.

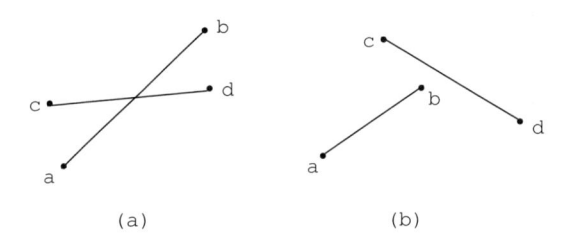

図 2.1 交差する2線分(a)と交差しない2線分(b)

　直線の方程式の計算を避けるために, 次のような方法が考えられる. 2本の線分 $\overline{ab}$ と $\overline{cd}$ が互いに交わるなら, 端点 c と端点 d が $\overline{ab}$ を含む直線によって分離される. 同様に, a と b も $\overline{cd}$ を含む直線によって分離される (図2.1参照). $\overline{ab}$ を含む直線に関して2点 c と d が異なる側にあるかどうかは, 三角形 $\triangle_{abc}$ と三角形 $\triangle_{abd}$ の符号付き面積が異なる符号を持つかどうかで判断できる. 三角形 $\triangle_{abc}$ の符号付き面積が正であれば, 3点 a, b, c の順は反時計まわりである. これに反して, 符号付き面積が負であれば, 3点 a, b, c の順は時計まわりである.

三角形の3頂点 a, b, c が反時計まわりになっているとき (図2.2(a)), 三角形の面積 S は下の式によって計算できる.

$$S = \frac{1}{2} * \begin{vmatrix} a.x & a.y & 1 \\ b.x & b.y & 1 \\ c.x & c.y & 1 \end{vmatrix} = \frac{1}{2} * ((a.x - c.x) * (b.y - c.y) + (b.x - c.x) * (c.y - a.y))$$

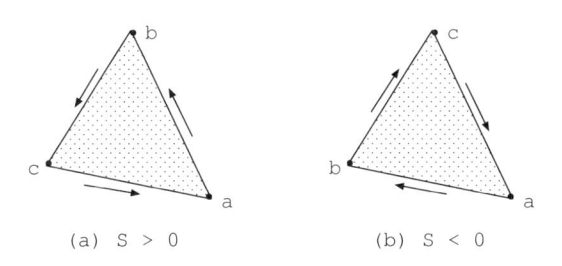

(a) S > 0   (b) S < 0

図 2.2　三角形の符号付き面積

三角形の3頂点 a, b, c が時計まわりの場合 (図2.2(b)) には, 上の計算式をそのまま使うと $S < 0$ となる. したがって, 上の式を三角形の符号付き面積として使える. ちなみに, プログラムを書くときは, 係数 $1/2$ をなくしてもよい.

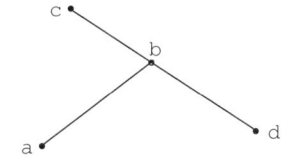

図 2.3　一方の線分の端点が他方の線分上にある

最後に, 一方の線分の端点が他方の線分上にあるという特殊なケース (重なる線分のケースも含む) を考えなければならない. この場合は, 線分が (端点を含む) 閉集合であると仮定して, 交差していると判定する (図2.3参照). 3点が同一直線上にある場合, 三角形の符号付き面積の値は0となる. そのとき, 一方の線分の一つの端点が他方の線分上にあるかどうかということは3端点の x 座標 (線分が垂直でないとき) または y 座標 (線分が垂直であるとき) について調べればよい. これまでの議論をまとめると, 次のプログラムを得る.

```
int intersect(struct point a, struct point b, struct point c,
                                              struct point d)
/* 線分 ab と cd が交差するときは1を返し，交差しないときは0を返す． */
{
    int between( );
    int area( );

        if (between(a, b, c) || between(a, b, d) ||
            between(c, d, a) || between(c, d, b))
                return 1;
        else return (area(a, b, c) * area(a, b, d) < 0 &&
                     area(c, d, a) * area(c, d, b) < 0);
}

int between(struct point p1, struct point p2, struct point p3)
/* 線分 p1p2 に点 p3 が含まれるかどうかを判断する */
{
    int area( );

        if (area(p1, p2, p3) != 0)       return 0;
        /* 線分 p1p2 が垂直でないとき，x 座標についてチェックする．
           垂直ならば，y 座標についてチェックする */
        if (p1.x != p2.x)
           return ((p1.x <= p3.x) && (p3.x <= p2.x) ||
                   (p1.x >= p3.x) && (p3.x >= p2.x));
        else return ((p1.y <= p3.y) && (p3.y <= p2.y) ||
                     (p1.y >= p3.y) && (p3.y >= p2.y));
}

int area(struct point q1, struct point q2, struct point q3)
/* 3点で決まる三角形の符号付き面積 */
{
        return ((q1.x - q3.x)*(q2.y - q3.y)
              + (q2.x - q3.x)*(q3.y - q1.y));
}
```

関数intersect( )は，最初に一方の線分の端点が他方の線分上にあるかどうかをチェックする．あれば1を返す．そうでなければ，2本の線分に端点以外での交差があるかどうかを判断する．この判定には，二つの三角形の符号付き面積の乗算が用いられている．この乗算において桁あふれ(overflow)のリスクがあるので，注意する必要がある．少し工夫すれば，その乗算をなくすことができる(練習問題 2-3)．

プログラムからわかるように，一見すると簡単な問題であるにもかかわらず，注意深い計算を必要としている．特殊な場合を扱う例外処理を適切に行うことは幾何学的アルゴリズムの開発において非常に重要なことである．

2.2 n本の線分の交差

n 本の線分の交差問題は多くの応用分野で見られる．例えば，VLSI 回路の設計においては配線がショートしてはいけないし，隠面除去問題を解くには，線分の交わりを計算して求めなければならない．本節では，まず水平，垂直な線分の交差を報告するアルゴリズムを示し，それから一般の線分の交差問題について述べる．

2.2.1 水平，垂直な線分

まず，この項での対象物はすべて水平か垂直な線分である．そのような線分を直交線分と呼ぶ．直交線分またはそれらを辺とする長方形や直交多角形は，VLSIパターンの基本的な要素であり，これらの交差(重なり)を高速に判定するアルゴリズムは，ディジタル回路の超高集積化を支えるCAD技術の重要な部分である．図2.4に，交差する線分の対をすべて求める問題の例を示す．(マンハッタンの街路地図がほとんど水平と垂直の線分からなっているため，このような幾何対象物に関する研究は**マンハッタン幾何学** (Manhattan geometry) と呼ばれることもある．)

すぐに思いつく方法は，n 本の線分から2本づつを選び，それらの交差を前節の方法で調べるというものであろう．この方法は単純であるが，明らかに $O(n^2)$ 時間が必要で，上で述べた応用のように n が非常に大きいときには全く使いも

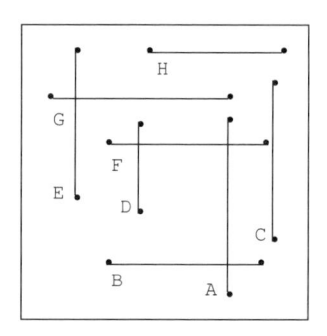

図 2.4 交差する線分の対をすべて求める問題

のにならない.

　直交線分の交差を効率よく見つけるには，**平面走査法** (plane sweep) または**スイープ法**と呼ばれる計算幾何学における典型的な手法が用いられる．この手法は，一本の水平または垂直な直線 (走査線) を平面上を平行移動させながら，線分の交差を見つけていく．水平な走査線を下から上に移動することを考えよう．(走査線を垂直または水平なものにするのは自由であるため，本書では図の見やすさや作図のしやすさによってその都度走査線を選ぶことにしている．)

　線分の端点に出会うとき，走査線を一時停止させ，線分の交差状況を調べる．そのため，まず与えられた線分の端点を y 座標の順に並べ替える．このようにして得られた点列は走査法の**イベント計画** (event schedule) という．要するに，イベント計画は平面上を平行移動する走査線の停止位置 (イベントポイント, event point) を順に教えてくれる．走査線を下から上へ動かすとき，線分に出会ったり，離れたりする．垂直線分に出会うとき，走査線上に垂直線分を表す点 (走査線とその垂直線分の交点) が出現し，離れるとき，その点は消滅する．水平線分は走査線上には一瞬しか現れない．水平線分に出会うとき，その水平線分の区間に垂直線分を表す点が入るなら，交差が見つかったことになる．

　このような処理を行うために，走査線と垂直線分との交差状況はあるデータ構造において適切に表現しておかなければならない．ここでいう"適切に"とは，水平線分に出会ったとき，それと交差する垂直線分をデータ構造から迅速に見つけ出すことを意味する．このようなデータ構造を**走査線計画** (sweep-line schedule) と呼ぶ．要するに，走査線計画は垂直線分の各イベントポイントで変更され，水

平線分の各イベントポイントで問題の答えを引き出すのに使われる．イベント計画と走査線計画は平面走査法における二つの基本的なデータ構造である．

次にイベント計画と走査線計画を実現する具体的なデータ構造を考えよう．イベント計画は y 座標でソートされた線分の端点の列である．したがって，それはリストで簡単に実現できる．走査線計画を実現するには，2分探索木が用いられる．垂直線分の下端点に出会うときには，その線分の x 座標を2分探索木に挿入する．垂直線分の上端点に出会うときには，その線分の x 座標を2分探索木から削除する．そして，水平線分に出会うときには，その線分の両端点の x 座標を用いて2分探索木に対して区間探索（与えられた区間内の点をすべて見つけ出すこと）を行い，水平線分と交わる垂直線分をすべて報告する．以上の考え方に基づいて線分の交差を列挙するアルゴリズムを下に示す．

線分の交差を列挙するアルゴリズム

---
1. 線分の端点を y 座標に関して並べ替え，リスト L に入れる．
2. 2分探索木 T を空にする．
3. 走査線を下から上に平面上を平行移動し，L の各点に対して以下の操作を行う．
   (a) 走査線に出会う端点が垂直線分の下端点ならば，その線分を T に挿入する．上端点ならば，その線分を T から削除する．
   (b) 走査線が水平線分に出会うときには，T に対して線分の両端点の x 座標を区間の両端として区間探索を行い，その水平線分と交わる垂直線分をすべて報告する．

図2.4の例に対する最初の数ステップを図2.5に示す．走査線は y 座標が最小である線分 A の下端点から始まる．次に $B, C, \ldots, H$ の順に出会う．水平線分と出会うときには，走査線と交わっている垂直線分とその水平線分が交差するかどうかをテストし，交差している垂直線分を報告する．

線分の端点を y 座標に関して並べ替えて得られるリスト（イベント計画）は次のようである．

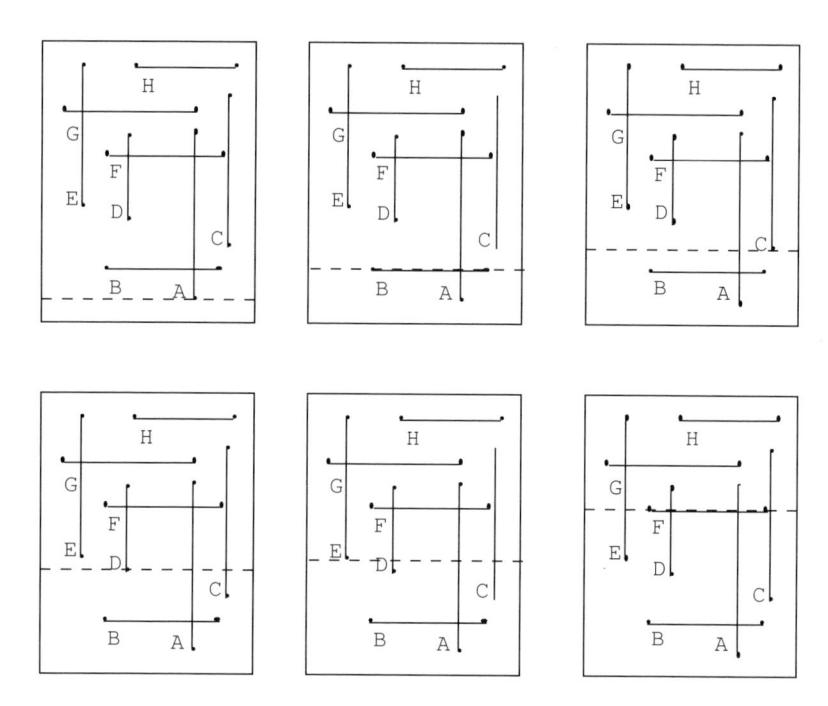

図 2.5 走査法の最初の数ステップ

ABCDEFDAGCEH

各垂直線分はこのリストに2回現れ,各水平線分は1回現れる.図2.5の例に対応する2分探索木(走査線計画)の様子を図2.6に示す.頂点は垂直線分に対応し,端点のx座標をキーとして(つまり,x座標値が要素の大きさを与えるとする)2分探索木が作られている.陰影が付けられている頂点は水平線分の2端点のx座標による区間探索の結果を表している.

次に上のアルゴリズムの実現方法について考える.イベント計画に関しては並べ替え(ソート)の関数を呼び出せればよいので,イベントポイントのリストの構造だけを説明する.リストの要素のデータ部は線分の2端点である.垂直線分がこのリストに2回現れるが,それぞれは2端点の順番が異なる.1回目は下端点と上端点の順とし,2回目は上端点と下端点の順とする.リストの要素を表すのに,次のような構造体を用いる.

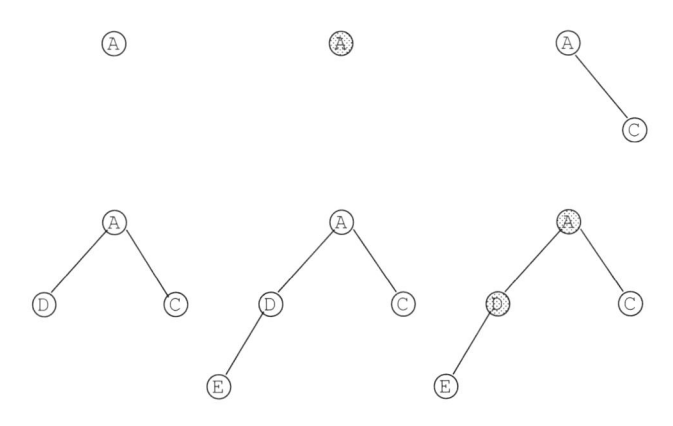

図 2.6 図2.5に対応する2分探索木(走査線計画)の様子

```
typedef struct element {
        point p1, p2;  /* 線分の2端点 */
        element *next; /* 次の要素を指すポインタ */
        } *elementptr;
elementptr head;  /* リストの先頭要素を指すポインタ */
```

走査線と交わっている垂直線分は常に平衡2分探索木に蓄えられる．実際は，下端点の座標のみ収納されていればよい．(垂直線分の下端点に出会う場合，その下端点を2分探索木に挿入し，上端点に出会う場合は，その垂直線分の下端点を2分探索木から削除する．) 2分探索木の頂点を次のような構造体を用いて表す．

```
typedef struct node {
        point t;   /* 垂直線分の下端点 */
        struct node *lson, *rson;
        } *nodeptr;
struct node nil;
nodeptr root;
```

垂直線分の下端点の挿入 ($insert(point\ p)$) と削除 ($delete(point\ p)$) 操作は1.4.4項で説明した操作 $insert(x)$, $delete(x)$ と基本的に同じである．水平線分の

2端点の x 座標による区間探索のプログラムを下に示す．このプログラムは2分探索木の再帰的な表示を利用したものである．まず，現在見ている頂点が区間に入るかを調べる．頂点が探索区間に入った場合，その頂点の左部分木と右部分木を再帰的に探索する．区間に入っていない場合，区間の左端点 ($x1$) が現在見ている頂点の右にあればその右部分木を再帰的に探索する．同様に，区間の右端点 ($x2$) がその頂点の左にあればその左部分木を再帰的に探索する．

```
void treeInterval(nodeptr p, int x1, int x2)
   /* 区間 [x1,x2] による探索 */
{
   while (p != &nil)
      {
        if (p->t.x >= x1 && p->t.x <= x2)
         {
           printf("下端点(%d, %d)の垂直線分はx座標の区間[%d, %d]を
              持つ水平線分と交わる．　\n", p->t.x, p->t.y, x1, x2);
           treeInterval(p->lson, x1, x2);
           treeInterval(p->rson, x1, x2);
         }
        if (p->t.x <= x1)    treeInterval(p->rson, x1, x2);
        if (p->t.x >= x2)    treeInterval(p->lson, x1, x2);
      }
}
```

さて，これまでの議論をまとめると，線分交差を列挙するアルゴリズムを実現したプログラムは下のように書ける．

```
void sweep(elementptr head, nodeptr root)
{
   while(head != NULL)
      {
        if (head->p1.y < head->p2.y)      insert(p1);
            /* 垂直線分の下端点の挿入 */
```

```
            else if (head->p1. y > head->p2.y)  delete(p2);
                /* 下端点の削除 */
            else /* 水平線分の2端点の x 座標による区間探索 */
                if (head->p1.x < head->p2.x)
                    treeInterval(root, head->p1.x, head->p2.x);
                else treeInterval (root, head->p2.x, head->p1.x);
            head = head->next;
        }
    }
```

この問題を解くプログラムからわかるように点, 線分及びそれらの集合の取り扱い方(表現方法)は簡潔なプログラムを書くために非常に重要である. それに, x 座標と y 座標に対する操作を混在させていることもこれらのプログラムの特徴である.

定理 2.1 平面上における n 本の水平, 垂直な線分の集合に対して, 交わる線分の対を $O(n \log n + k)$ の計算時間ですべて求めることができる. ここで, k は交わる線分対の数である.

[証明] 平衡2分探索木を使えば, 一つの木操作は $O(\log n)$ 時間で実行できる. 2分探索木に対する操作の回数は $2n$ より少ないので, $n \log n$ の項が容易にわかる. 関数treeInterval( )にかかる時間は交差対の総数 k にも依存するので, 定理を得る. □

平面上に $n/2$ 本の水平線分と $n/2$ 本の垂直線分が格子上に配置されている場合は, $k = n^2/4$ となる. したがって, 最悪の場合には, k が n^2 に比例する.

2.2.2 一般の線分

線分の傾きを任意とする場合には問題がずっと複雑になる. とはいえ, 前項と同じ基本方針で問題を解決できる. 以下では, 問題点を整理すると共にそれらの解決方法を示し, 最後に線分の交差を報告するアルゴリズムを与える.

まず, 線分の方向が様々なので, 2分探索木で線分を単なる端点 x 座標で表現することができなくなった. その代わりに線分を含む直線の方程式 ($x = ay + b$)

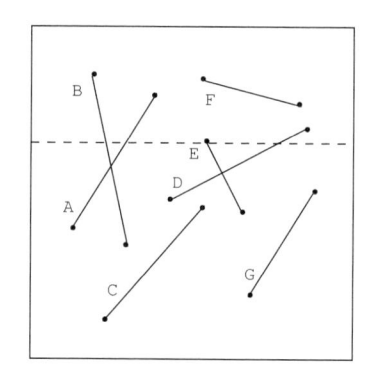

図 2.7 走査線上における線分の"左右"関係

を使えばよい. つまり, 走査線の(イベントポイントの) y 座標が決まれば, 走査線上における線分の位置(x座標)も"左右"関係も決まる(図2.7参照). 次に, 線分 l の下端点に出会うときに l を 2 分探索木に挿入する操作を考えよう. 2 分探索木の各頂点では, l の下端点がその頂点に格納されている線分の左側にあるか右側にあるかによって探索ルートが決まる. 左側か右側かの判定は三角形の符号付き面積関数 area( ) を用いる. 線分 l の下端点を 2 分探索木に挿入できたら, l のすぐ左とすぐ右にある線分は l と交わっているかもしれないので, それを調べる. この判定は関数 intersect( ) を使えばよい. 線分 l の上端点に出会うときは, l を 2 分探索木から削除する. 線分 l を削除したことによって, それまで l と隣接していた 2 線分がはじめて隣接するが, それらは交差するかもしれないので, それらの交差状況も調べておく. 要するに, 線分の挿入または削除の操作によってはじめて隣接する線分の間に交点があれば, それらを報告する. 最後に, 走査線が線分の交点(これもイベントポイントである) を通りすぎるとき, その位置で, 線分の"左右"の順序が変わる. このため, 線分の交点を見つけた場合には両方の線分に対して交点を新しい端点とする線分を作り出す. すなわち, 交わりのある 2 本の線分は, その交わりが見つかった時点で 4 本の新しい線分と見なす. (交点は二つの上端点と二つの下端点となる.) このため, 新しい端点(交点)をイベント計画に付け加えなければならない. 新しい端点の挿入と走査線に最も近い端点を見つけ出す操作を効率よく実行するため, イベント計画を**ヒープ**で実現する.

一般の線分の交差を列挙するアルゴリズム

1. 線分の端点を y 座標をキーとしてヒープ H に挿入する.
2. 2分探索木 T を空にする.
3. **While** H が空でない **do**
   (a) H から最小要素 p を取り出す.
   (b) p が線分 l の下端点ならば, l を T に挿入する. T において l と隣接する 2 本の線分と l との間に交点があれば, それらを報告する. 交点を新しい線分の下端点として H に挿入する.
   (c) p が線分 l の上端点ならば, l を T から削除する. l の削除によってはじめて隣接する (それまで l の両隣に位置していた) 線分の間に交点があれば, それを報告する. 交点を新しい線分の下端点として H に挿入する.

定理 2.2 (Bentley-Ottmann (1979)) n 本の線分の集合に対して, 交わる線分の対を $O((n+k)\log n)$ の計算時間ですべて求めることができる. ここで, k は交わる線分対の数である.

[証明] 上のアルゴリズムがどの交点も見逃さないことは, 隣り合った線分だけが交わり, かつすべての隣接関係にある線分同士の交差を少なくとも 1 回は調べていることからわかる. 線分の交点もイベントポイントとして使われるので, イベントポイントの数は最大 $O(n+k)$ である. 各イベントポイントでは, 2 分探索木への挿入または削除とヒープの最小要素の削除およびヒープへの挿入操作が行われるので, $O(\log n)$ 時間でできる. よって定理を得る. □

上の交差列挙アルゴリズムは Bentley と Ottmann によってはじめて提案された [10]. Bentley と Ottmann のアルゴリズムでは, 交点での処理はもっと効率よく行っているが, アルゴリズムの説明は少し複雑になる (練習問題 2-7). このアルゴリズムの最大の特徴は記述の簡明さにある. しかしながら, 効率の面では決してよくない. なぜならば, 交点の数 k が $\Theta(n^2)$ になり得るので, 最悪の場合に

は $n(n-1)/2$ 個の線分対についてそれぞれの交差をチェックする素朴なアルゴリズムより劣ることになる．一般的に言えば，平面走査型のアルゴリズムではイベント計画への交点の再挿入が避けられないので，自動的に $O(k \log k)$ のコストがかかってしまう．平面走査の手法から離れて，Chazelle と Edelsbrunner は $O(n \log n + k)$ 時間のアルゴリズムの開発に成功した [17]．しかし，彼らの論文は 50 ページにものぼり，アルゴリズムの詳細を紹介するのは本書の範囲を超える．このため，Chazelle と Edelsbrunner の研究結果だけをまとめておく．

定理 2.3 (Chazelle-Edelsbrunner (1992)) n 本の線分の集合に対して，交わる線分の対を $O(n \log n + k)$ の計算時間ですべて求めることができる．ここで，k は交わる線分対の数である．

もし，n 本の線分の中に交差するものがあるかどうかを判定するだけでよければ，アルゴリズムは非常に簡単になる．というのは，交点のイベント計画への再挿入がいらない．このため，イベント計画はリストで実現でき，アルゴリズムの時間計算量も $O(n \log n)$ になる (練習問題 2-8)．

2.3 応用

多くの重要な問題が交差問題として自然に定式化できる．以下に，いくつかの応用例を挙げてみよう．

2.3.1 隠面除去

画像処理またはコンピュータグラフィックスにおいて，最もよく使われている幾何計算は，**隠面除去** (hidden-surface removal) と**隠線除去** (hidden-line removal) であるといって間違いない．隠面除去は 3 次元コンピュータグラフィクスの基本となる処理である．(3 次元コンピュータグラフィクスはテレビ CM や映画の特殊撮影等によく使われる．) 隠面除去問題とは，3 次元空間における互いに交差しない不透明な多面体からなるシーンに対して，任意に与えられた**視点** (viewpoint) から見えるイメージを計算することである．すなわち，シーン (多面体) のどの部分が見えるか，どの部分が隠れるかを決定しなければならない．

2.3 応用

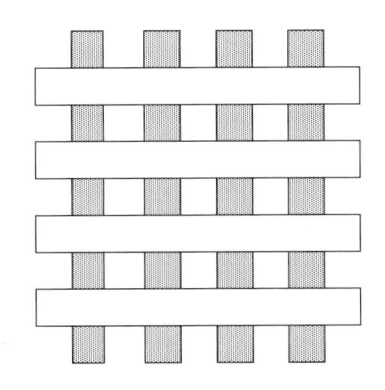

図 2.8 イメージの複雑さが $\Omega(n^2)$ となる例

シーンに含まれる辺の数を n としよう. 図 2.8 の例からわかるように, 見えるイメージの複雑さは, $n^2/16 + n$ であり, $\Omega(n^2)$ となる. したがって, 隠面除去のアルゴリズムは $O(n^2)$ 以上の時間がかかる. コンピュータグラフィクスの初期の文献の中で見られるアルゴリズム (例えば, [90] で列挙されているもの) の大多数は最悪の場合の複雑さが $O(n^3)$ (または $O(n^2 \log n)$) であった. 最適な $O(n^2)$ 時間のアルゴリズムは, 計算幾何学における直線のアレンジメントの研究によって導かれた. 隠線除去については Devai[29] によって, 隠面除去については McKenna[71] によって独立に $O(n^2)$ 時間のアルゴリズムが得られている. 以下では, McKenna のアルゴリズムについて解説する.

アレンジメントは第 5 章で詳しく取り扱うが, ここでは, アレンジメントの概念を簡単に説明しておこう. 与えられた n 本の直線により, 平面が分割される. その分割を構成する**頂点** (vertex, 直線の交点), **辺** (edge, 交点間の直線線分), **セル** (cell, いくつかの辺に囲まれる凸領域) などの間の接続関係を表すものをアレンジメントという. アレンジメントのセルを表すには, **二重連結辺リスト** (doubly connected edge-list [72]) または **4 部辺構造** (quad-edge structure [49]) のようなデータ構造が使われる. 具体的には, セル C の各辺 e が e と隣接する C の二つの辺へのポインタを持つ. さらに, e の他方のセルを C' とすると, C' での e のコピー e' へのポインタも持つ (図 2.9).

隠面除去のアルゴリズムを簡単にするため, 視点はシーンから無限に遠く離れていると仮定する. すなわち, すべての視線は平行である. 与えられた視点から見

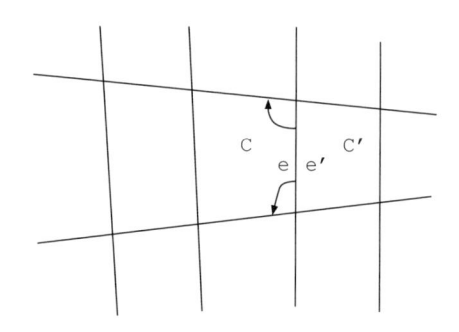

図 2.9　アレンジメントのセルを表すデータ構造

えるシーンのイメージは無限に離れた視点のシーンに変換できるので，この仮定によって**透視投影**(perspective projection)のための複雑な計算を省くことができる([75]参照)．視点がz軸の正方向の無限遠点にあるとし，**視平面**(viewplane)を(x,y)平面とする．

アルゴリズムの第一歩では，入力の多角形(多面体の面)の辺を(x,y)平面に垂直に投影する．これは**正投影**(orthographic projection)として知られている．次に投影した辺を伸ばして直線にする．これにより(x,y)平面におけるn本の直線のアレンジメント$\mathcal{A}$が得られる．定理5.3(5章参照)により，直線のアレンジメント$\mathcal{A}$は$O(n^2)$時間で構成できる．$\mathcal{A}$の各セルCに対して，投影像がCを含む多角形の中で最も上にあるものを探すのが隠面除去アルゴリズムの役目である．(あるセルに関しては，それを含む多角形が存在しないかもしれない．)

隠面除去の素朴なアルゴリズムは$O(n^3)$の時間がかかる．一つのセルに対して，それを含む多角形の上下関係が定まるので，多角形の高さをそれぞれ計算すれば，最も上にある多角形が分かる．この計算には線形の時間がかかる．つまり，セルの中の任意点から真上に半直線を伸ばしたとき，多角形(それを含む面の方程式で表すもの)との交差を計算すれば多角形の高さが分かる．セルの数が$O(n^2)$なので，全体の計算時間は$O(n^3)$となる．各セルに定数の時間しかかけないで全体の処理時間を$O(n^2)$にしようというのは興味深い研究テーマであった．

McKennaのアルゴリズムは，EdelsbrunnerとGuibasにより提案されたトポロジカル走査(topological sweep)を用いている([34]参照)．すなわち，走査線は垂直直線(または水平直線)ではなく，ある程度の曲げを許したトポロジカルな直

線 (topological line) でもってアレンジメントを走査する．このトポロジカルな直線はアレンジメントの各直線とちょうど1回交わる．走査線 L をトポロジカルな直線としよう (図 2.10 参照)．走査線をこのように曲げるのはイベント計画を簡単にするためである．走査線上で隣接する2本の辺が走査線の右で交差しているならば，その交点 (頂点) は次のイベントポイントとして使える．図 2.10 に示される頂点 v はその例である．このようなイベントポイントが同時にいくつか存在するかもしれないので，これらを順序のないイベントポイントの集合として一つの**キュー**に格納する．これにより，あらかじめアレンジメントの頂点の x 座標をソートしてイベント計画を立てる必要がなくなり，$O(n^2)$ 個の頂点をソートする時間を省くことができる．

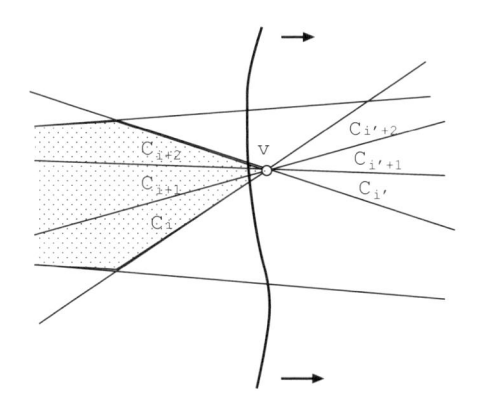

図 2.10　トポロジカルな走査法

　走査線計画として，走査線と交差している**活性セル** (active cell) のリストを蓄える．それに，各活性セル C に対して，投影像が C を含む多角形を，z 座標に関して降順にソートして蓄える．このリストの先頭は投影像が C を含む最も上の多角形である．走査線が頂点 v を通るとき，古いセルは不活性になり，新しいセルが活性セルになる．例えば，図 2.10 では C_i, C_{i+1} と C_{i+2} は不活性になり，$C_{i'}$, $C_{i'+1}$ と $C_{i'+2}$ が活性セルになる．新しい活性セルに関しては，多角形のリストを作らなければならない．C_{i+k} のリストを少し手直するだけで $C_{i'+k}$ のリストを作ろうというのが McKenna のアルゴリズムの最大の特徴である．C_{i+k} のリストと $C_{i'+k}$ のリストとの間にはわずかの違いしかないことに注意してほしい．

したがって，C_{i+k} のリストから $C_{i'+k}$ のリストを作るのに平均で定数時間しかかからない．これが計算時間 $O(n^2)$ のアルゴリズムが導かれる原理である．詳しくは原論文 [71] を参照されたい．

しかし，これは"最良"の隠面除去アルゴリズムではない．なぜなら，このアルゴリズムはいつも $\Omega(n^2)$ の時間と記憶領域量を要する．実際の応用では，見えるイメージの複雑さ (いわゆる，出力のサイズ) が $O(n^2)$ よりはるかに小さいものが多く，計算量が出力イメージの複雑さ程度であるアルゴリズムがより望ましい．現在では効率が出力のサイズに依存する**出力感応型** (output-sensitive) のアルゴリズムに関する研究が多数なされている．

興味深いのは，シーンが n 個の長方形からなり，それぞれが x 軸と y 軸に平行な辺を持ち z 座標が一定であるような場合である．例えば，いくつかのウィンドウを同時に表示するウィンドウシステムにおいてはこのような状況がよく発生する．Güting と Ottmann は，見える長方形が k 個であるシーンに対して $O((n+k)\log^2 n)$ のアルゴリズムを与えた [50]．その結果は Bern によって $O((n+k)\log n)$ に改善された [13]．長方形を挿入したり削除したりできる動的な問題も研究されている [13]．

2.3.2　線形分離と凸多角形の交差

パターン認識やニューラルネットワークにおいては，未知データをいくつかの集合 (パターン) に分類することが行われる．例えば，衛星画像の各ピクセルは，その反射輝度のしきい値を正しく設定することができれば，簡単に海の部分と雲の部分に分離できる (陸地のピクセルは別の方法で識別される)．また，汚染された細胞 (物質) の検定や分子構造同定などの問題においてもパターン分類が必要となる．入力のデータは，しきい値 (線形分離関数) によって二つの集合に分けられる場合，**線形分離可能** (linearly separable) であるという．データの属性変数の数が 2 であるとき，線形分離関数は直線となる．k 次元では，線形分離関数は超平面である．図 2.11 に示すのは 2 次元の例である．

教師付き学習 (supervised learning) はパターン認識やニューラルネットワークにおける基本的な技法の一つである．この技法は，正しい線形分離関数を得るための**トレーニングデータ** (training data) を提供できることに基づく．つまり，まずトレーニングデータに対して，二つの集合を分離する (separate) ことが可能

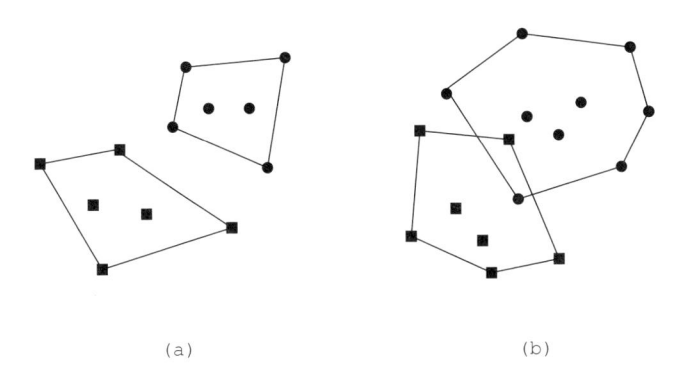

図 2.11 (a) 分離可能, (b) 分離不可能

かどうかを調べ,もし可能なら,その分離の法則をすべてのデータに適用する.

二つの点集合が線形分離可能である必要十分条件は,それぞれの凸包同士が交差しないことである.点集合の凸包というのはそれを含む最小の凸多面体のことである.したがって,線形分離可能性は二つの凸多面体が交差するかどうかを調べることにより判定できる.

以下では,平面上の二つの凸多角形の共通部分を求めるアルゴリズムについて考える.二つの凸多角形の頂点数をそれぞれ m と n とする.各頂点から垂直線を引くことにより (図 2.12),平面がいくつかの帯に分割される.このような垂直な帯のことを**スラブ** (slab) という.この場合,平面走査法の適用をすぐに思いつくであろう.イベント計画を立てるために,頂点の x 座標をソートすると $O((n+m)\log(n+m))$ 時間がかかってしまう.しかし,少し工夫すれば,$O(n+m)$ 時間に下げることができる.凸多角形の最大と最小の x 座標を持つ頂点は,凸多角形の頂点を二つのチェーンに分ける.それぞれのチェーンにおける頂点の x 座標は既にソートされているので,二つのチェーンの頂点リストをマージ (merge) すれば,凸多角形の頂点の x 座標をソートしたことになる.さらに,二つの多角形の頂点リストをマージして,イベント計画を得る.

次に,走査線をスラブからスラブへと移動させる.各スラブの中では二つの多角形の共通部分は二つの四角形また三角形の重なりである (図 2.12).走査線と交差する凸多角形の (最大)4 本の線分を覚えておけば,四角形の共通部分は定数時間で求まる.このようにして,二つの凸多角形の共通部分を求めることができる.

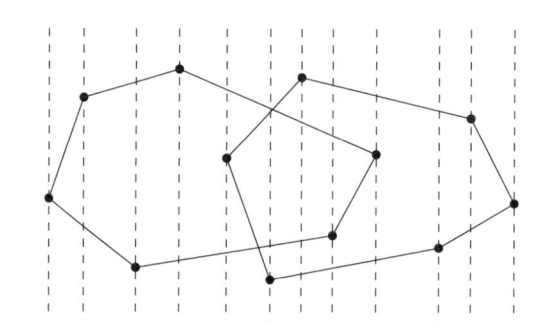

図 2.12　二つの凸多角形の交差を求めるためのスラブ分割

これまでの議論をまとめると, m 個と n 個の頂点を持つ凸多角形の共通部分は $\Theta(m+n)$ の時間で求まる. したがって, 平面における二つの点集合が線形分離可能であるかどうかは点集合の凸包 (3章) が求まっていれば線形時間で判断できる.

応用における多くの問題は二つ以上の線形分離可能な問題が組み合わさったものである. この場合は, いくつかの半平面 (線形分離関数) によって囲まれる凸領域を求めることになる. (半平面の共通部分を求める問題は点集合の凸包を求める問題に変換できる. 5.2節を参照されたい.)

線形分離できる問題の解 (点集合) は直線で二つの領域に分割できる. しかし, 大部分の重要な問題は線形分離できないことに注意してほしい. 例えば, **排他的論理和**はその一つの例である. ($XOR(x,y)$ の値は x と y とのいずれかが "1" のときのみ "1" であるため, 1本の直線で $XOR(x,y)$ の1値と0値を分割することができない.)

2.3.3　VLSI設計と長方形の交差

VLSI設計においては, 部品 (component) がチップ上に配置 (layout) された後, 設計規則通りに作られているかどうか検証する. これは "設計規則検証" (design rule checking) と呼ばれている. 例えば, 電気的に接続されない部品の間に最小の間隔 δ_1 を空けなければならない. また, 接続されるべきの部品の間に最小の重複幅 δ_2 を確保しなければならないという設計規則もある. 1個のチップが数百万個の部品を含んでいるので, すべての部品をペアごとにシラミ潰しに確かめ

るのは膨大な時間がかかりとても無理である．しかし，現実にはごくわずかの部品だけが設計規則を破っている．高速化を図るために，多くの CAD システムでは，各部品にそれを含む最小の長方形をマスクとしてかけ (ここでの長方形は x 軸と y 軸に平行な辺しか持たない)，そしてマスクの長方形が交差しているときのみ部品間の交差を詳しく確かめている．明らかに，マスクを拡大か縮小することによって設計規則に適応させることができる．したがって，間隔の検証問題は，長方形の交差報告問題に変換される．

長方形の交差報告問題は 1980 年に Bentley と Wood によってはじめて考察された [11]．彼らのアルゴリズムは二つのステップからなる．まず，辺の交わりを調べることで長方形の交差を求める．これは 2.2.1 項で紹介したアルゴリズムを用いる．次に，辺は交差しないが，一方が他方に完全に含まれるという長方形のペアを求める．この**長方形包囲問題** (polygon enclosure problem) を解くために，各長方形に対して一つの代表点を決める．すると，長方形 A が長方形 B を完全に含むための必要十分条件は，A が B の代表点を含むことである．よって，長方形包囲問題は，平面上における n 個の長方形と n 個の点に対して長方形ごとに含まれる点をすべて報告する問題に変換される．このような問題を**領域探索問題** (range search problem) といい，6 章で扱う．結果をまとめると，N 個の長方形の集合における K 個の交わるペアは最適な時間 $\Theta(N \log N + K)$ で報告することができる．

長方形を含む幾何学的問題は他にもたくさんの応用がある．例えば，長方形の集合の連結成分の輪郭 (contour) を求める問題は回路の特徴抽出 (circuit extraction) に用いられる [79]．または，0-1 の 2 値画像データを圧縮するために，最小数の長方形マスクを利用する (つまり，長方形の合併 (union) ですべての "1" をカバーする) 方法も提案されている [9]．

2.4
練習問題 2

1. 三角形 $\triangle_{abc}$ に対して，ベクトル A と B をそれぞれ $b - a$ と $c - a$ とした場合，三角形 $\triangle_{abc}$ の面積はベクトル積 $A \times B$ の長さの半分となる．ベクトルの積 (の方向) を用いて三角形の符号付き面積の計算式を導け．

2. 多角形の符号付き面積の計算式を導け．
3. 関数 XOR(排他的論理和) を使って関数 intersect( ) における二つの三角形符号付き面積の乗算をなくせ．
4. 図 2.5 と図 2.6 の平面走査の例を完成せよ．
5. n 本の水平線分と垂直線分に対して，交差する線分対の数を求める $O(n \log n)$ 時間のアルゴリズムを書け．
6. 5. のアルゴリズムをプログラムにせよ．ただし，線分の端点の座標はすべて整数とする．
7. 一般の線分の交差を列挙するアルゴリズムでは，交点を見つけたとき，両方の線分をそれぞれ分割して，交点を新しい端点とする 4 本の線分を作り出す．交差する 2 本の線分を分割せず，交点を新しい端点とみなさないときは，アルゴリズムはどう変わるか．
8. n 本の線分に対して，交差する線分対があるか否かを判定する $O(n \log n)$ 時間のアルゴリズムを書け．
9. 二つの多角形に対して，一方が他方を完全に含むかどうかを判定する方法を考えよ．

第3章

凸包の計算

平面上に与えられる n 個の点の集合 S_n に対し, S_n を含む最小の凸多角形を S_n の凸包 (convex hull) という. S_n の凸包を $CH(S_n)$ と記す(図3.1). 3次元以上の高次元空間においても同様に点集合の凸包を定義することができる. 凸包は計算幾何学の至る所に現れる. 凸包はそれ自身もちろん有用な構造であるが, ほかの幾何構造を構成するのにもよく使われる道具である. (凸包とほかの幾何構造の関係が5章で述べられる.) また, 凸包に関する数学的な理論も豊富にある. いかに効率よく凸包を構成するかということは計算幾何学において中心的なトピックであった.

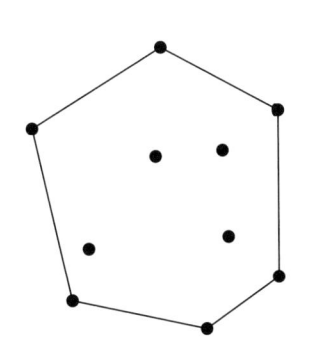

図 3.1　点集合 S_n の凸包 $CH(S_n)$

平面上の点集合 S_n の凸包を構成するアルゴリズムを紹介する前に, まず凸包アルゴリズムからどのような出力を期待するのかを明確にしなければならない. 出力には, 凸包 $CH(S_n)$ の頂点となる S_n の点がもちろん含まれるが, 凸包の頂

点の順序 (つまり, 凸多角形の辺を時計回りまたは反時計回りに並べたもの) も出力するものとする. すぐに思いつくアルゴリズムは次のようなものだろう. 入力の n 個の点 $p_1, p_2, \ldots, p_n$ から任意の二つの点 p_i と p_j を取り出し, 次に線分 $\overline{p_i p_j}$ が凸包の多角形の辺であるかどうかを判定する. 明らかに, ほかの $n-2$ 個の点がすべて p_i と p_j を通る直線の片側にあるとき, 線分 $\overline{p_i p_j}$ が凸包の辺になる. $n(n-1)/2$ 個の点対に対し, それぞれについてこの判定を行えば, 凸包の辺がすべて求められる. (凸包の辺が求められれば, その頂点の順序もわかる.)

この素朴な凸包アルゴリズムは理解が容易であり, プログラムとして実現するのも非常に簡単である. しかし, 点対 (p_i, p_j) に対し, 線分 $\overline{p_i p_j}$ が凸包の多角形の辺であるかどうかを判断するのに $O(n)$ の時間がかかり, 全部で $n(n-1)/2$ 個の点対があるので, このアルゴリズムの時間計算量は $O(n^3)$ である. このため, 入力サイズ n が大きい場合には実用上の観点から使用に耐えなくなる. 以下では, 凸包を構成する幾つかのアルゴリズムを紹介する. そこで用いられる手法は, 計算幾何学における基本的な技法であり, 他の幾何アルゴリズムの設計に役立つことも多い.

3.1
包装法

上述の素朴な凸包アルゴリズムを少し直すことによって計算時間 $O(n^2)$ のアルゴリズムが得られる. そのアイディアは, 見つかった凸包の辺を, 次の辺を見つける出発点として利用することである. まず, n 個の点の中から最小 y 座標を持つ点 p_0 を線形時間で見つける. 最小 y 座標を持つ点が二つ以上ある場合, より小さい x 座標の点を p_0 にする. 点 p_0 は明らかに凸包の頂点である. ここで凸包の次の頂点 p_1 を見つけたいわけであるが, p_1 は, p_0 を原点としたとき, x 軸の正の方向から (反時計回り) の偏角が最も小さい点である. 点 p_1 を求めるのに, p_0 を原点として他の点の偏角を計算すればよいので, これは $O(n)$ 時間で行える. 次に p_1 から出発して同じことを繰り返す. このようにして凸包の頂点がすべて求められる (図 3.2). ただし, 最大 y 座標を持つ点に到達した後は, 原点とほかの点との偏角は x 軸の負の方向から測ったものに変えなければならない. このように繰り返し, 辺を折り込んで次々と凸包の頂点を求めていく方法は **包装法** (wrapping method) または Jarvis の行進 (Jarvis' march) と呼ばれる．直観的に品物を包み込むことによく似ているからである．包装法に基づく凸包アルゴリズムを下に示す．

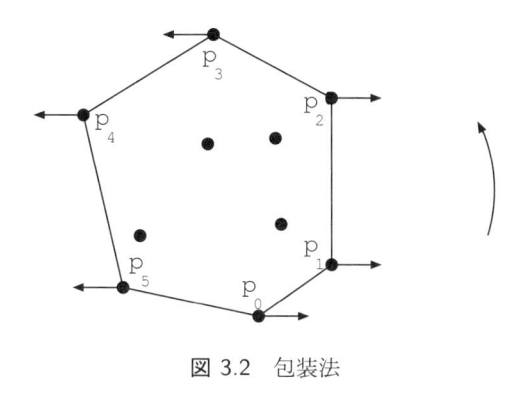

図 3.2 包装法

包装法に基づく凸包アルゴリズム

1. 最小の y 座標を持つ点を見つけ，それを p_0 とする．
2. p_0 を p_i とし，p_j を他の任意の点とする．
3. **While** $p_j \neq p_0$ **do**
   (a) 点 p_i を原点として他の点の偏角を計算し，p_j を最小の偏角の点に置き換える．
   (b) (p_i, p_j) を凸包の辺として報告する．
   (c) p_i を p_j に置き換える $(p_i \leftarrow p_j)$．

凸包の頂点の数を h とすれば，このアルゴリズムの時間計算量は $O(h\,n)$ である．最悪の場合は，$h = \Omega(n)$ であることから，$O(h\,n) = O(n^2)$ となる．したがって，求める凸包の頂点の数が非常に小さいときには，包装法に基づく凸包アルゴリズムは効率的であると言える．

包装法は最初，3次元以上の凸包構成問題に対して提案されたものである．3次元以上の凸包問題に対しては，ある性質を満たす頂点の順番をあらかじめ求めて

おいて，その順に包装していくというアルゴリズムを与えることができる．包装法のよさはアルゴリズムの単純さにある．

3.2 Grahamの走査法

計算幾何学の分野において最初に発表された論文は，Grahamが1972年に与えた平面上の凸包を求める$O(n \log n)$計算時間のアルゴリズムについてだといわれている[46]．このアルゴリズムは，最初に入力の点を偏角の大きさでソートし，次にソートした順に点をスキャンし，凸包の計算を行う．全体のアルゴリズムを述べた後で明らかになるが，入力のn個の点を偏角順にソートするのは$O(n \log n)$時間がかかり，ソートした点の凸包の計算は$O(n)$時間しかかからない．驚くことは，凸包の計算は実にソートと同じぐらいの作業に過ぎないということであり，ここにGrahamの仕事の偉大さがある．

Grahamのアルゴリズムは包装法とよく似ている．まず最小のy座標を持つ基準点を見つけ，それをp_0とする．次にp_0から他の点へ直線線分を引き，p_0を通る水平な直線とそれらの直線線分とのなす偏角を求める．それらの偏角を昇順に並べ変えることによって点列$p_1, p_2, \ldots, p_{n-1}$が求められる．図3.3は偏角による点列の例である．

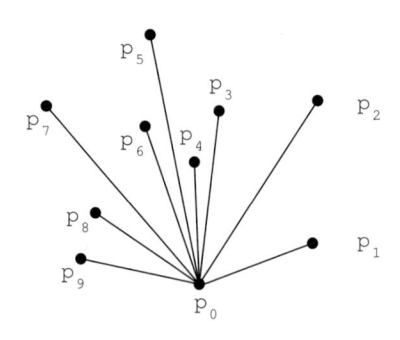

図 3.3　点のソート

入力の点を偏角順にソートすることによって，凸包の計算に一種の平面走査法を用いることができる（ここでは，p_0を通る走査線をp_0を中心に回転する）．ソー

トした順に点をスキャンしながら、凸包を構成していく。途中、それまでにできあがっている凸包を格納するため、一つの**スタック** S を用意しておく。スタック S は配列によって実現され、変数 top は S の先頭の要素を指すポインタとする。まず、p_0 と p_1 が必ず凸包の頂点になることから、p_0 と p_1 をこの順にスタック S に入れる。次に点 $p_i(2 \leq i \leq n-1)$ を見ているとき、それまでできあがっている凸包に p_i を加え、その結果、凸包上にありえないことが判明した点を除去し、作成中の凸包を作り直す。さて、これらの除去すべき点はどう調べるか。基準点 p_0 から反時計回りに平面をスキャンしていくことから、凸包の頂点は反時計回りの順になっていく。したがって、点 p_i を加えるとき、3点 $S[top-1]$, $S[top]$, p_i が反時計回りでなければ、点 $S[top]$ が除去すべき点となり、それをスタック S から取り出す。この操作を除去すべき点が全部取り出されるまで繰り返す。最後は p_i をスタック S に入れる。この過程を点 p_{n-1} まで繰り返せば、点集合の凸包が得られるわけである。図3.4は $p_i = p_5$ のとき、凸包を求めていく過程を示している。Graham のアルゴリズムを下にまとめる。

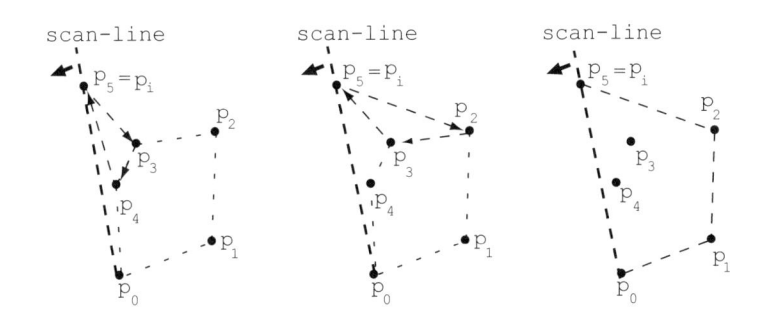

図 3.4 Graham の走査法

Graham の凸包アルゴリズム

1. 最小の y 座標を持つ基準点を求め、それを p_0 とする。
2. 他の点を基準点 p_0 に関する偏角の昇順に並べ変え、その点列を p_1, p_2, ..., p_{n-1} とする。
3. スタック S に p_0 と p_1 をこの順に入れる。

4. **For** $i = 2$ **to** $n - 1$ **do**
   (a) **While** 3点 $S[top-1]$, $S[top]$, p_i が時計回り **do**
       $S[top]$ をスタック S から取り出す.
   (b) 点 p_i をスタック S に入れる.

上述のアルゴリズムを実現する際，注意点が幾つかある．まず，基準点 p_0 に関する偏角のソートについて述べる．点 p_0 が最小の y 座標をもっているので，どの点も p_0 との偏角が180度を超えることはない．したがって，点 p_k の偏角は $\arctan((p_k.y - p_0.y)/(p_k.x - p_0.x))$ によって計算することができる．しかし，関数 arctan() の計算が複雑なので誤差が生じやすい．最も安全で効率の良い方法は，三角形の符号付き面積を利用するものである．ソートのアルゴリズムは比較の操作により行われるものとする．p_i と p_j の偏角比較は，3点 p_0, p_i, p_j による三角形の符号付き面積を利用することができる．面積の符号が正であるなら，3点 p_0, p_i, p_j が反時計回りになり，p_i の偏角の方が p_j の偏角より小さい．面積の符号が負であるなら，p_i の偏角の方が p_j の偏角より大きい．また，三角形符号付き面積の計算は上のアルゴリズムのステップ4.(a) にも用いられる．

次に，プログラムのデータ構造について考える．入力の点の数は整数型変数 n に格納され，入力の点は構造配列 `struct point p[PMAX]` に入っているとする．最初に，y 座標が最小の点 (複数あるときは最大の x 座標を持つ点) を $p[0]$ と交換する．次に，三角形の符号付き面積を計算する関数 `area( )` を用いてソートを行う関数 `quicksort( )` を呼び出し，$p[1]$ 以降の点を偏角順に並べ変える．プログラムを簡潔にするため (また記憶量を節約するため)，Graham の凸包アルゴリズムのスタック S も配列 p を使って実現する．今までできあがっている凸包が $p[0]$, ..., $p[top]$ に格納されるとする．変数 i を増やす度に，現在の凸包から除去すべき点があるかどうかを調べ，ある場合には top を一つずつ減らす．除去の操作が完了したら，$p[i]$ を $p[top+1]$ に格納し，作成中の凸包に加える．最後に，できあがった凸包の頂点の数を報告する．(頂点数を報告することにより，配列 p のどの要素までに凸包の頂点が入っているかがわかる．)

以上の考え方に基づいて Graham のアルゴリズムを実現するプログラムを下に示す．

3.2 Grahamの走査法

```
int GrahamScan( )
{
    int i, top, min;
    struct point temp;
    int area( );
    void quicksort( );

        min = 0;
        for (i = 1; i < n; i++)
          if(p[i].y<p[min].y || p[i].y==p[min].y && p[i].x>p[min].x)
             min = i;   /* 最も下の点の番号を求める */
        temp = p[0]; p[0] = p[min]; p[min] = temp;
                /* min と0番目の点を交換 */
        quicksort(1, n - 1);
                /* 関数area( )を使って1番目以降の点を偏角順にソート */
        top = 1;
        for (i = 2; i < n; i++)
          { while(area(p[top-1], p[top], p[i]) <= 0) top--;
                /* 3点が時計回りなら中央の点を除去 */
            top++;
            temp = p[top]; p[top] = p[i]; p[i] = temp;
                /* i番目の点を凸包の点として登録(元のデータを破壊しない
                   ため,topとi番目の点を交換する). */
          }
        return(top++);   /* 凸包の頂点の数を報告 */
}
```

定理 3.1 Grahamのアルゴリズムにより, n 個の点に対する凸包を $O(n \log n)$ の計算時間で求めることができる.

[証明] Grahamのアルゴリズムは,基準点に関する偏角のソートの部分と,凸包の内部にある点を除く部分からなる.偏角のソートにかかる時間は明らかに $O(n \log n)$ である. (上のプログラムでは,配列を一つしか使わないようにするた

め偏角のソートに関数quicksort( )が用いられている．クイックソートは最悪の場合には$O(n^2)$時間かかる．時間計算量を最適にするためには，計算時間$O(n \log n)$のアルゴリズム，例えば，マージソートを使えばよい．）凸包の内点を除去する部分にはループの中にループがあるが，どの点も1回しか除去されないので，2重ループの中の操作は合計でn回以下しか行われない．したがって，凸包の内点を除去するのにかかる計算時間は$O(n)$である．□

計算時間$O(n \log n)$のアルゴリズムがわかったら，「もっと速いアルゴリズムがあるか」という疑問を抱く読者が多いだろう．答は「否」である．なぜならば，ソーティングの問題を凸包問題に変換することができるからである．入力のn個のデータ$x_1, x_2, \cdots, x_n$を昇順に並べ変える問題は，平面上の座標が(x_i, x_i^2)という点集合の凸包を構成する問題として考えられる．これらの点は$y = x^2$という放物線の上にあるので，すべての点(x_i, x_i^2)が凸包の頂点になっている．凸包上の一番下の頂点aを線形の時間で見つけ出した後，aから凸包上に反時計回りに現れる点は元のデータの昇順となっている．したがって，凸包（厳密に言えば，凸包の頂点の結び方）が求まれば，ソーティングの問題も解けることになる．ソーティング問題の計算量の下界は$\Omega(n \log n)$であることから，凸包問題の下界も$\Omega(n \log n)$であることがわかる．このことから，計算時間$O(n \log n)$の凸包アルゴリズムは最良のアルゴリズムであるといえる．

3.3
逐次構成法

計算時間が最良の$\Theta(n \log n)$の凸包アルゴリズムが得られたら，もう他のアルゴリズムを研究しなくてもいいではないかと考えるかもしれない．しかし，そうではない．Grahamのアルゴリズムの後，平面上の凸包を構成するアルゴリズムに関する研究はさらに多方面に進んだ．例えば，3次元の凸包構成へ拡張できるアルゴリズムや，さらに効率の良い出力感応型のアルゴリズムなどが数多く提案されている．(Grahamのアルゴリズムは偏角のソートを用いているが，3次元では偏角に直接対応するものがないので，Grahamの方法を3次元へ拡張するのは難しい．）以下ではさらに別の凸包アルゴリズムを紹介し，いろいろな側面から

凸包計算の真髄を紹介する．

まず，**逐次構成法** (incremental method) に基づくアルゴリズムを紹介する．この方法は，最初に少数のデータに対して問題の解を求めておき，その後データを1個ずつ加えながら問題の解を必要に応じて更新していくという方法である．入力の点を $(p_0, p_1, \ldots, p_{n-1})$ とする．まず3点 p_0, p_1, p_2 で決まる凸包 (三角形) を構成する．次に，残りの点を1個ずつ付け加え，今まで加えられた点の凸包 P を構成する．点 p_i を加えるとき，p_i が現在の凸包 P の内部に含まれるなら，なにもする必要がない．そうでないなら，p_i から凸包 P への2本の接線を求め，この2本の接線を凸包の辺として P に加え，接線に挟まれる凸包の境界線を取り除く．この操作の様子を図3.5に示す．以上の考え方に基づくアルゴリズムを下に示す．

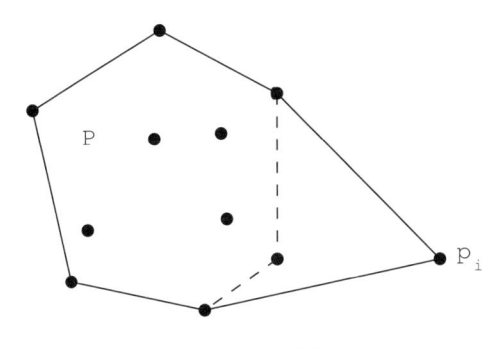

図 3.5 逐次添加法

逐次構成法に基づく凸包アルゴリズム

1. 3点 p_0, p_1, p_2 による凸包 (三角形) を構成する．
2. **For** $i = 3$ **to** $n - 1$ **do**
   (a) 点 p_i が現在の凸包 P に含まれるなら，なにもしない．
   (b) そうでないなら，p_i から凸包 P への2本の接線を求め，現在の凸包 P を作り直す．

このアルゴリズムは，与えられる点が凸包の内部に含まれるかどうかの判定と，凸包への接線を求める部分からなる．まず点 p_i が現在の凸包 P の内部に含ま

れるかどうかの判定について考える．最も単純な方法は，点 p_i を通る鉛直線が p_i より上で現在の凸包 P と何回交差するかを調べる．凸性から明らかに，点 p_i が凸包 P の内部にあるための必要十分条件は，点 p_i より上で一回しか交差しないことである (図 3.6(a))．したがって，p_i を通る鉛直線の p_i より上の部分と凸包 P の各辺との交点の数を計算すればよい．この素朴な方法は線形時間でできる．しかし，適当な前処理を行えば質問に高速に答えることができる．一つの考えられる方法は凸多角形の内部にある点 g から各頂点を通る放射線を引いて平面を幾つかの非有界な三角領域に分割することである (図 3.6(b))．そのような内部の点 g としては，例えば，入力の任意の 3 点 p_1, p_2, p_3 で決まる三角形の重心を選べばよい．このように分割しておくと 2 分探索が可能になるので，質問点 p_i を含む三角領域を $O(\log n)$ の時間で求めることができる．p_i を含む三角領域が判れば，点 p_i が凸包 P に含まれるかどうかを $O(1)$ 時間で判定することができる．変数 i を増やすときに，凸包 P を更新しなければならないので，三角分割を挿入と削除が $O(\log n)$ 時間で行える平衡 2 分探索木に格納すればよい．入力の点が n 個あるので，凸包の構成に要する時間計算量は $O(n \log n)$ である．

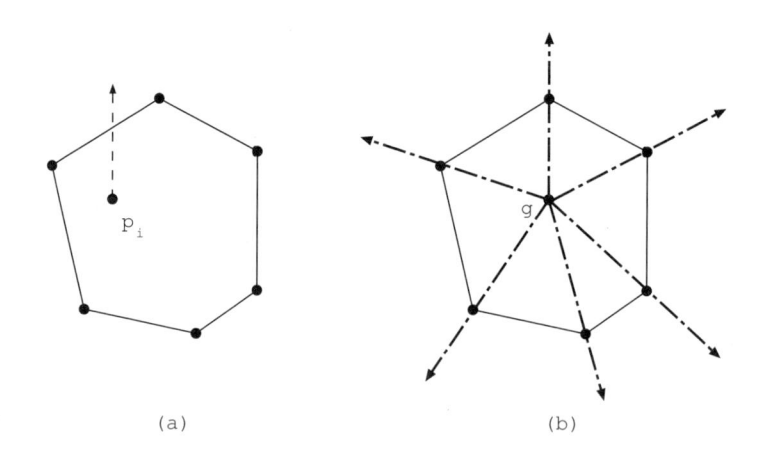

図 3.6 鉛直線算法と三角形分割法

アルゴリズムを簡単にするため，次のような方法も考えられる．まず，入力の点を x 座標で昇順にソートする．x 座標の昇順に点を追加してゆけば，追加される点はいつも現在の凸包の内部に含まれない．したがって，現在の凸包 P の内部

か外部かの判定は入力の点のソート問題に変えられる.

次に点 p_i から凸包 P への接線の求め方について説明する. 図3.6の三角形分割法によると, 現在の凸包 P を適当なデータ構造(例えば, 平衡2分探索木)に蓄えておけば, p_i から凸包 P への2本の接線が $O(\log n)$ の時間で求められる. しかし, 入力の点が既に x 座標の昇順に並べ変えられているので, より簡単な方法が考えられる. 並べ変えた点の列を $(p'_0, p'_1, \ldots, p'_{n-1})$ としよう. 今まで i 個の点を加えた凸包 P には, 頂点 p'_0 と p'_{i-1} が必ず存在する. p'_0 と p'_{i-1} は凸包 P の境界線を二つの部分に分けるので, それらを**上側境界線**と**下側境界線**と呼ぶことにする. 点 p'_i からそれぞれの境界線への接線を引くことができる. 以下では上側境界線への接線の求め方について述べる. この境界線は一つのスタック S に格納されるとし, 変数 top は S の先頭の要素を指すポインタとする. まず, 3点 p'_0, p'_1, p'_2 で決まる三角形が最初の凸包であることから, スタック S には2点 p'_0, p'_2 または3点 p'_0, p'_1, p'_2 が入っていると仮定する. 点 p'_i を見ているとき, 3点 p'_i, $S[top]$, $S[top-1]$ が反時計回りでなければ, 点 $S[top]$ は2本の接線に挟まれるので, それをスタック S から取り出す. この操作は, 3点 p'_i, $S[top]$, $S[top-1]$ が反時計回りになるまで繰り返す. 最後は p'_i をスタック S に入れる. 上述の処理を点 p'_{n-1} まで繰り返せば, 上側境界線が得られる. どの点も1回しかスタック S から取り出されないので, 上側境界線(または下側境界線)の計算時間は $O(n)$ である.

ソートに基づく逐次構成法はGrahamのスキャン法に非常に似ている. ただし, 逐次構成法は3次元以上の凸包の構成にも適用できる.

3.4
分割統治法

分割統治法(divide-and-conquer)は効率の良いアルゴリズムを得るときによく用いられる強力な技法である. この方法は, 与えられた問題をほぼ等しい大きさの幾つか(通常は, 二つ)の部分問題に分解し, 各部分問題を再帰的に解いた後, それらの解を統合して全体の解を得るというものである. 部分問題が非常に小さくなれば, それらの解は容易に求められる. したがって, 主な仕事は統合ステップにかかっている.

凸包問題の場合, 問題の分解は点集合の分割に対応する. 点集合を勝手に2

等分してもよいが，アルゴリズムを簡単にするため，点のx座標の昇順に左半分の点集合S_lと右半分の点集合S_rに分ける．その後，左右の部分で再帰的に凸包$CH(S_l)$, $CH(S_r)$を求める．最後は，$CH(S_l)$と$CH(S_r)$が交わらないことから，二つの凸包の共通外接線を見つけることによって全体の点集合Sの凸包が求められる．この考え方に基づくアルゴリズムを下に示す．

分割統治法に基づく凸包アルゴリズム

---
1. 集合Sのn個の点をx座標の昇順にソートする．
2. x座標の中央値を用いて左右の部分集合S_lとS_rに分割する．ただし，nが3より小さければ，適当な方法で凸包を構成する．
3. 点集合S_l, S_rに対する凸包$CH(S_l)$, $CH(S_r)$を再帰的に求める．
4. 二つの凸包$CH(S_l)$と$CH(S_r)$から全体の点集合Sの凸包$CH(S)$を求める．

このアルゴリズムでは，最初に点のx座標に関するソーティングを行う．これは，集合S_lとS_r(または，凸包$CH(S_l)$と$CH(S_r)$)が一本の垂直な直線によって仕切ることができることを意味する．$CH(S_l)$と$CH(S_r)$が交わらないことから，$CH(S_l)$と$CH(S_r)$をマージするのは簡単になる．ステップ2, 3それに4は，再帰的に繰り返して実行されるが，点集合のサイズが3より小さいときは再帰呼び出しは止まる．明らかに，1点または2点で決まる凸包は$O(1)$時間で求められる．

分割統治法に基づくアルゴリズムのキーポイントはステップ4にある．二つの凸包$CH(S_l)$, $CH(S_r)$から全体の点集合Sの凸包を求めることを考えよう．$CH(S_l)$と$CH(S_r)$が交わらないことから，2本の外接線u, lを求め，$CH(S)$で不要となる部分を除けばよい．ここでは，uは$CH(S_l)$と$CH(S_r)$の上側の共通外接線，lは$CH(S_l)$と$CH(S_r)$の下側の共通外接線としている(図3.7)．以下では，上部外接線uを求めるアルゴリズムを示す．

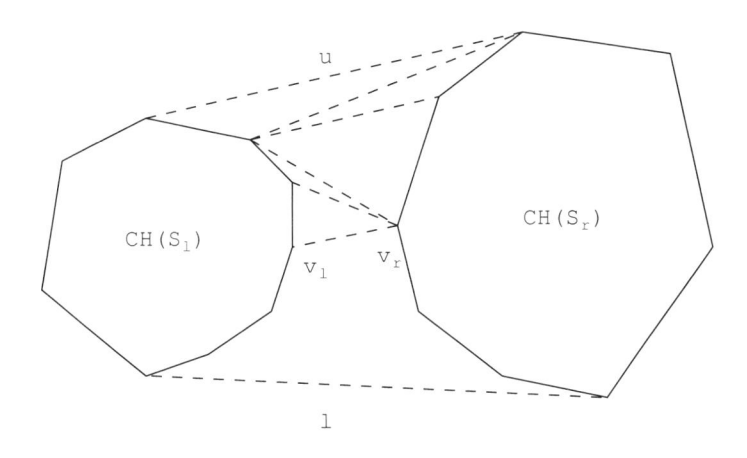

図 3.7 上部外接線の計算

上部外接線 u を求めるアルゴリズム

---

1. $CH(S_l)$ の最も右の頂点 v_l と $CH(S_r)$ の最も左の頂点 v_r を求める．
2. **While** 線分 $\overline{v_l v_r}$ が $CH(S_l)$ と $CH(S_r)$ の共通の上部外接線でない **do**
   (a) **While** 線分 $\overline{v_l v_r}$ が $CH(S_l)$ と接しない **do**
       v_l を $CH(S_l)$ の頂点の反時計回り順で v_l の次の頂点に置き換える．
   (b) **While** 線分 $\overline{v_l v_r}$ が $CH(S_r)$ と接しない **do**
       v_r を $CH(S_r)$ の頂点の時計回り順で v_r の次の頂点に置き換える．
3. 現在の線分 $\overline{v_l v_r}$ を上部外接線 u として報告する．

下部外接線 l についても同様にして求められる．アルゴリズムの正当性に関する証明は省略する．図3.7は上部外接線 u を求める一つの例である．明らかに，v_l または v_r は一定の方向しか進まない．線分 $\overline{v_l v_r}$ が $CH(S_l)$ または $CH(S_r)$ の接線であるかどうかは $O(1)$ 時間で判断できるので，上部外接線 u を求めるアルゴリズムの計算時間は $O(n)$ となる．したがって，u, l は $O(n)$ 時間で求めることができる．

外接線 u, l を求めてから $CH(S)$ を得るために $CH(S_l), CH(S_r)$ での不要な

部分を除去しなければならない．それは凸包の頂点を走査することによって除去することができる．除かれる点は二度と現れないため，除去の操作は$O(n)$時間で行える．まとめると，$CH(S_l)$，$CH(S_r)$から全体の凸包$CH(S)$を$O(n)$時間で求めることができる．n点の凸包を求める計算時間を$T(n)$で表すと，再帰の各階段で毎回問題をほぼ2等分していることより

$$T(n) = 2T(n/2) + O(n)$$

となる．この漸化式を解くと，$T(n) = O(n\log n)$を得る．これに最初のソーティングに要する計算時間$O(n\log n)$を加え，全体で$O(n\log n)$の計算時間でn点の凸包を求めることができる．

3.5 分割統治法と縮小法の組合せ

これまでに紹介した計算時間$O(n\log n)$の凸包構成アルゴリズムは，時間計算量が最適であるが，まだ無駄な部分が多い．なぜならば，点集合の凸包を求めるのに途中でたくさんの仮の凸包を作ってしまうためである．1986年，KirkpatrickとSeidelはこの問題点を指摘し，もっと効率の良い出力感応型のアルゴリズムを提案した[64]．仮の凸包を求めずに，各ステップでは確実に全体の解となる凸包の辺だけを見つけ出すのが彼らのアルゴリズムの真髄である．そのアルゴリズムの時間計算量は$O(n\log h)$であり，ただし，hは凸包上の頂点の数である．最悪の場合は$h = O(n)$となるが，一般的にhはnより小さい．例えば，n点が長方形内に正規分布するとき，$h = O(\log n)$であることが知られている．したがって，今まで紹介した$O(n\log n)$時間のアルゴリズムに比べて理論的な改良となる．

KirkpatrickとSeidelのアルゴリズムを述べる前に，縮小法に基づく「k番目の要素の選択」を紹介しておこう．

3.5.1　K番目の要素の選択

n個のデータが与えられるとき，k番目に大きな要素を選択する問題を考えよう．もちろん，n個のデータのソートを行ってからk番目に大きな要素を出力すれば目標を達成することができるが，そのアルゴリズムの計算時間は$O(n\log n)$以上になってしまう．

3.5 分割統治法と縮小法の組合せ

Blumらは**縮小法**(pruning paradigm, prune-and-search)と呼ばれる技法に基づいて線形時間のアルゴリズムを与えた [14]．この技法の各ステップでは，線形時間で冗長な(答になりえない)要素を取り除くことによって一定の割合で問題のサイズを小さくする．問題のサイズが非常に小さくなったとき(例えば，ある定数より小さいとき)，$O(1)$ の時間でその問題を解く．各ステップでは現在の問題のサイズを α 倍 ($\alpha < 1$) に小さくすると仮定すると，全体の計算時間は $O(n + \alpha n + \alpha^2 n + \cdots) = O(n)$ となる．ただし，α は n に関係のない定数である．

Blumらのアルゴリズムの概略は次の通りである．ある要素 M を選び，M より小さい要素の個数と M より大きい要素の個数が n に比例するようにしておく．次に M が k 番目に大きな要素であるかどうかのを判断する．そうでなければ，M より小さい要素または M より大きい要素の中で再帰的に目標となる要素を探す．要素 M の選び方は大変工夫されている．Blumらのアルゴリズムを下に示す．

k 番目に大きな要素を見つけるアルゴリズム

1. n 個のデータを5個ずつのグループに分け，各グループごとに5個のデータをソートし(8回の比較でできる)，中央値を見つけ出す．
2. 各グループの中央値の集合に対してこの算法を再帰的に適用し，その中の中央値 M を見つける．
3. ソート済みの各グループの中では3回の比較により要素 M を位置づけることができるので，n 個のデータを M より大きいものの集合 S_l と M より小さいものの集合 S_s に分ける．その結果，M より大きな要素が r 個があったとする．
4. $k = r + 1$ のときは，要素 M が問題の答である．
5. $k < r + 1$ のときは，S_l の中で k 番目に大きい要素を再帰的に求める．
6. $k > r + 1$ のときは，S_s の中で $k - r - 1$ 番目に大きい要素を再帰的に求める．

Blumらのアルゴリズムの時間計算量を分析するには，M より大きな要素の個数と M より小さな要素の個数が非常に重要である．アルゴリズムのステップ2が完了したときの様子を図3.8に示す．この図において A の部分の要素は M

と同じまたは M より大きく,そのサイズは $n/4$ より大きいことがわかる.同様に,B の部分の要素は M と同じまたは M より小さく,そのサイズも $n/4$ より大きい.したがって,S_l と S_s のサイズは共に高々 $3n/4$ である.Blum らのアルゴリズムにより,n 個のデータから k 番目に大きな要素を選ぶのに必要な比較回数を $T(n)$ とすると,漸化式

$$T(n) \leq 11*(n/5) + T(n/5) + T(3n/4)$$

が得られる.これにより,$T(n) = O(n)$ となり,最悪の場合でも比較回数は $O(n)$ であることがわかる.ここでは「マジック数」として5を使った.5以上の奇数ならどれでもよいが,効率は異なる.

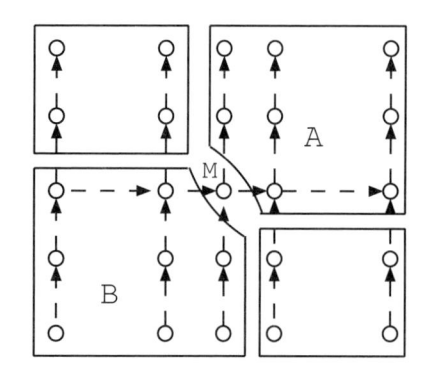

図 3.8　ステップ2が完了したときの様子

3.5.2　Kirkpatrick と Seidel のアルゴリズム

Kirkpatrick と Seidel の方法は,基本的に分割統治法と同じであるが,実行手順だけが異なっている.分割統治法では,与えられる問題をほぼ等しい大きさの二つの部分問題に分解し,それぞれの部分問題を再帰的に解いた後,それらの二つの解を組合せて全体の解を与える.分割統治法に基づくアルゴリズムの実行の様子 (分割と統合) を図 3.9(a) に示す.まず問題を一方的に分解し,次にサイズが小さい問題から大きい問題へと,部分問題を次々に解き,最後は問題の全体の解を得る.これに対して,彼らの方法では,問題を二つに分解した後,部分問題の解を待たずに全体の解となる部分をすぐ引き出してしまう.彼らのアルゴリズム

の実行の様子を図3.9(b)に示す.このように,問題の分解と解答を交互に行っている.

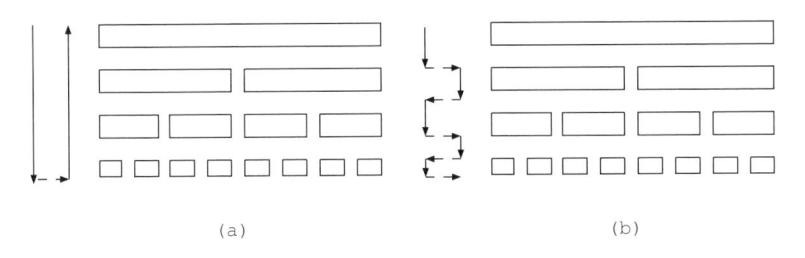

図 3.9 (a) 分割統治アルゴリズム, (b) Kirkpatrick と Seidel のアルゴリズム

以下では,この方法を用いて凸包の上側境界線を求めるアルゴリズムについて述べる.凸包の下側境界線も同様にして求まる.

Kirkpatrick と Seidel の凸包アルゴリズム

1. 集合 S の n 個の点を左右にほぼ2等分する垂直な直線 L を求める.ただし,n が2であるとき,2点で決まる辺は凸包の上側境界線の辺となる.
2. 分割線 L と交わる凸包の上側境界の辺を求める.
3. 求めた凸包の辺の真下にある点を凸包の内部点として除去する.残る点を分割線 L によって左右の二つの集合 S_l と S_r に分ける.
4. 点集合 S_l, S_r に対する凸包の上側境界線を再帰的に求める.

ステップ1では,Blumらの線形時間のアルゴリズムを用いて点集合のx座標の中央値を計算する.ステップ2では,分割線 L と交わる凸包の上側境界の辺を求める.以下では,このような辺 b を「橋」と呼ぶことにする.橋 b の傾きを s_b と仮定する.同じく縮小法を用いると線形時間で橋を求めることができる.

(p,q) を任意の点対とし,この2点を通る直線の傾きを s_{pq} と書くことにする.議論のしやすさのため,$p.x < q.x$ と仮定する.まず,s_b より大きな傾きを持つ点対 (p,q) については,左の点 p は橋の端点になりえない.なぜなら,仮に p が橋の左端点であるとすると,q は橋を含む直線より上にならなければならないため,

橋の定義に矛盾する(図3.10を参照).したがって,左の点pを橋の端点の候補から外せる.同様に,s_bより小さな傾きを持つ点対(p,q)について,右の点qは橋の端点になり得ないので,候補から外せる.

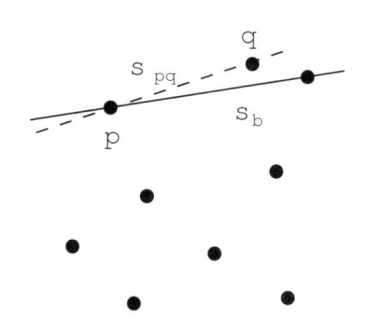

図3.10　qの位置は橋の定義と矛盾する

したがって,求めるべき橋の傾きs_bを知ることができれば,ほぼ$n/2$個の点を取り除くことができる.しかし,前もってs_bを知ることができないので,新たなアイディアがいる.そのため,凸包の**上部支持線**(upper supporting line)を定義しておこう.直線hが点集合Sに対する凸包の上部支持線と呼ばれるのは,hがSの点(入力のデータに退化がないと仮定しているため,Sの1点または2点)を通る垂直でない直線で,かつhより上にはSの点が存在しないときである.

さて,hを任意の上部支持線とし,s_hを直線hの傾きとする.上部支持線と橋の定義から,Sの2点が支持線hに含まれ,かつその2点が分割線Lの左右にあるときは,この2点は求められる橋の端点となる.一般に,支持線hに含まれる点が分割線Lの左側(点集合S_l)にあるとき,s_hはs_bより大きい.同様に,支持線hに含まれる点が分割線Lの右側(点集合S_r)にあるとき,s_hはs_bより小さい.

縮小法を適用するため,まずSの点を2個ずつ自由に組合せてほぼ$n/2$個の点対を作り,それらの点対の傾きを計算する.支持線s_hにより除去される点の数をnと比例させるため,s_hは$n/2$個の点対の傾きの中央値Mにする.したがって,s_hより大きな傾き,またはs_hより小さな傾きを持つ点対の数は共に$n/4$以上である.先に紹介したBlumらのアルゴリズムにより,線形時間で点対の傾きの中央値Mを計算することができる.傾きMを持つ支持線を求めるには,$p_i.y - M * p_i.x$が最大となるSの点を求めればよい.傾き$s_h(=M)$の支持線に

S の2点が含まれ，かつその2点が分割線 L の左右にあるときは，その2点は求められる橋の端点となる．そうでないときは，支持線が分割線より左，あるいは右の点だけを含む．よって，s_h により除去される点の数が $n/4$ 以上となる．

縮小法に基づいて「橋」を求めるアルゴリズムの詳細はここでは省略するが，線形時間で分割線 L に対する橋を求めることができる．今までの結果をまとめると，次の定理が得られる．

定理 3.2 Kirkpatrick と Seidel のアルゴリズムにより，平面上の n 個の点の集合に対する凸包を $O(n \log h)$ 時間で求めることができる．ここで，h は凸包上の頂点の数である．

[証明] Kirkpatrick と Seidel のアルゴリズムで n 個の点の上部境界線を求めるのに要する時間を $T(n, h_t)$ とする．ここで，h_t は凸包の上部境界線の頂点数である．このアルゴリズムのステップ 1, 2 と 3 はすべて線形時間で実行できることから，

$$T(n, h_t) \leq \max_{h_t = h_l + h_r} \{T(n/2, h_l) + T(n/2, h_r) + O(n)\}$$

となる．ここで，h_l は分割線 L より左側にある上部境界線の頂点数，h_r は右側にある頂点数である．$h_t = 2$ のときは，$T(n, h_t) = O(n)$ であることに注意しよう．この漸化式を解くことによって $T(n, h_t) = O(n \log h_t)$ を得る．同じく凸包の下部境界を $O(n \log h_b)$ 時間で求めることができる．ここで，h_b は凸包の下部境界の頂点数である．これで定理が成り立つ．□

Kirkpatrick と Seidel のアルゴリズムは理論的に興味深い研究であるが，O 記号に隠れている定数が大きいため，実用性は低いと思われる．

3.6
高次元の点集合の凸包

3次元空間における点集合の凸包は前節で紹介した包装法，逐次構成法と分割統治法によって構成することができる．そのうち最適な時間 $\Theta(n \log n)$ の分割統治型のアルゴリズムが Preparata と Hong によって得られている [78]．しかし，それらのアルゴリズムはかなり複雑である．より幅広い読者を対象とする本書の

方針から，3次元の凸包構成問題に関するアルゴリズムは割愛する．興味のある読者は他の教科書 [79] を参照されたい．

5.2.2項では，凸包の計算が高次元におけるボロノイ図を求めるのに使われる．このため，4次元以上の凸包アルゴリズムに関する研究結果をまとめておく．3次元における n 点の凸包の複雑さは，オイラーの公式により，n に比例する．しかし，$d \geq 4$ の場合，E^d における凸包の複雑さは d に関して指数関数的に増加していく．**上界定理** (upper bound theorem, [47]) により，n 点を持つ d 次元の有界多面体の複雑さは $O(n^{\lfloor d/2 \rfloor})$ である．3.1節で述べた包装法は高次元における凸包の計算に対して最初に提案されたアプローチである．高次元における凸包の計算に対するもう一つのアプローチは**上下法** (beneath-beyond method) と呼ばれる．これは一度に1点ずつ加えていく逐次法である．$d \geq 4$ の場合，上下法に基づく凸包アルゴリズムの実行時間は $O(n^{\lfloor (d+1)/2 \rfloor})$ である．したがって，d が偶数のとき，上下法の凸包アルゴリズムは最適である．

3.7
応用

凸包が非常に基本的な幾何概念であることから，多くの問題を，さまざまな変換を通して凸包の構成問題に帰着させることができる．例えば，2.3.2項では点集合の凸包が線形分離問題に用いられている．以下ではさらに，幾つかの例を挙げてみよう．

1. **障害物の回避**　　ロボットの経路計画においては，障害物を回避する経路を求めることはごく自然な問題である．ロボットを多面体とみて，その頂点の凸包を考える．ロボットの凸包が障害物を避けることができればロボット自身も障害物を回避できる．このように，ロボットの凸包は経路計画問題において計算の高速化を図るためによく使われる．

2. **最小面積のボックス**　　VLSIのレイアウト設計などでは，幾つかの部品を含む最小面積のボックス (x 軸と y 軸に平行な辺を持つ長方形のこと) を求めるという処理がある．最小面積のボックスの境界は必ず部品の集合に関する凸包のある頂点を通るので，凸包の計算は最小面積のボックスを求めるアルゴリズムの第一歩となっている．3次元においても，幾

つかの物体を含む最小体積のボックスを求めるのに物体の集合に関する凸包が先に計算される.

3. **クラスタリング (点集合の直径)**　　統計学におけるクラスタリング (clustering) という概念は同じような対象をグループ化することを指す. 点集合のクラスタリングとは, 分散度を最小にするように点を分類することである. クラスタ (cluster) の広がり (spread) の一つの規準として, 集合の2点間の最大距離, すなわち, クラスタの直径が用いられる. 直観的には, 小さい直径のクラスタは密接な関係にある要素からなり, 大きい直径の場合には関係がばらばらの要素からなる. そこで, 平面上に与えられたn点に対して, クラスタの最大直径が最小となるように, それらを定数K個のクラスタに分割するというクラスタリング問題がある. この問題を解くには, 次の (点集合の直径) 問題が生じる. 平面上に与えられたn点に対して, 最大離れている2点を求めよ. 点集合の直径がその点集合の凸包の直径に等しいことは容易にわかる. したがって, $O(n \log n)$の時間を用いて点集合の直径問題を凸包の直径問題に変換できる. ちなみに, 凸多角形の直径は頂点数に比例する時間で求まる [79].

3.8
練習問題3

1. 点集合を含む最小面積の多角形 (凸とは限らず) がその点集合の凸包でないかもしれないことを示せ.
2. 与えられた点集合の凸包が三角形であることが, 前もってわかっているとする. その三角形 (凸包) を見つける線形時間のアルゴリズムを導け.
3. 包装法に基づく凸包アルゴリズムの出発点は, 確かに凸包上の点でなければいけないか, そうである場合もそうでない場合も理由を述べよ. Grahamの凸包アルゴリズムについても同様に回答せよ.
4. 3.2節で提示される点集合の凸包を求める関数 `GrahamScan( )` の中に使われる点の偏角をソートする関数 `quicksort( )` をプログラムにせよ.
5. 入力の点をx座標でソートしてから点集合の凸包を逐次的に構成するプログラムを作成せよ.

6. 多角形Pが単純で，その境界が直線Lに関して単調な二つのチェーンの連接であるとき，PはLに関して単調であるという．(多角形のチェーンCが直線Lに関して単調であるとは，Lに垂直な直線はどれもチェーンCと高々1回だけで交わるということである．このとき，Cの頂点をLに垂直に射影すれば，L上に射影された頂点の順番はC上の頂点の順番と全く同じになる．) 単調な多角形の頂点集合の凸包を求める線形時間のアルゴリズムを書け．
7. 単純な多角形の頂点集合の凸包を求める線形時間のアルゴリズムを書け．(3.2節で示した凸包アルゴリズムの下界は順序のない点集合に対するものであることに注意しよう．)

第4章

ボロノイ図

　近年，計算幾何学及び他の研究分野において，**ボロノイ図**(Voronoi diagram)が脚光を浴びている．ボロノイ図は**最近点問題**(closest-point problem, nearest neighbor problem)を解くために提案されたデータ構造である．最近点問題とは，平面上に与えられた点集合に対して，新たに与えられた質問点から最も近い点を見つけることである．ボロノイ図は平面を各点の勢力圏に分けたもので，各点はそれ自身を含む領域と対応する（図4.1参照）．計算幾何学においてボロノイ図は凸包と共に重要な幾何構造で多くの研究がある．

　それでは，なぜボロノイ図は多くの研究者の注目を集めたのだろうか．この一見簡単そうに見えるデータ構造にはなにか特別なことがあるのだろうか．その答としては主に以下の三つがある．第一に，ボロノイ図は多くの応用分野で自然に生ずるということである．例えば，人間の皮膚を顕微鏡で覗くと，整然とした模様が目に映る．(この他，蜂の巣や砂浜の微妙な模様など多くの自然現象にはボロノイ図の様子が窺える．) この美しい模様を作り出す単純な原理は競争である．細胞や微生物が競り合って成長しミクロの模様を形作る．このような競争原理は動物や人間の活動にもいろいろな側面で働いている．ボロノイ図の定義はまさに競争原理に当てはまっている．このため，ボロノイ図構造は社会学，数学，生物学，物理学および考古学を始めとする科学の様々な分野で広く使われてきた．第二に，ボロノイ図はいろいろな幾何的性質を持ち，それ自身で極めて魅力的な数学的対象であることである．多数の既存の幾何構造と関連しており，ボロノイ図は点集合を表す最も基本的な構造の一つであると言える．最後に，直接に関係のある問題はもちろんのことであるが，一見して全く関係がなさそうに見える幾何問題を解くのにもボロノイ図が強力な道具になることがある．ボロノイ図とその

双対図形の**ドローネ三角形分割**(Delaunay triangulation)に関する多くの結果は,計算幾何学研究の象徴ともいえる[105].

4.1
ボロノイ図の定義と性質

次の郵便ポスト問題を考えよう.郵便ポストを平面上の点で表す.平面上にn個のポストの集合$S = \{p_i = (x_i, y_i) | i = 1, 2, \cdots, n\}$があるとき,与えられた点$p = (x, y)$に対してどの郵便ポストが$p$に最も近いかを決定せよ.点$p$と$p_i$のユークリッド距離を$d(p, p_i)$で表す.各ポスト$p_i \in S$に対して$S$のほかのポストより$p_i$の方が近い点$(x, y)$の領域は,

$$V(p_i) = \bigcap_{i \neq j} \{p | d(p, p_i) < d(p, p_j)\}$$

によって定義される.通常,集合Sの要素を**母点**といい,$V(p_i)$を母点p_iに関する**ボロノイ領域**(Voronoi region)という.$V(p_i)$ $(i = 1, 2, \cdots, n)$は平面を分割し,これを集合Sの**ボロノイ図**(Voronoi daigram)といい,$V(S)$またはV_nで表す(図4.1参照).ボロノイ図の頂点(母点でない点)と辺はそれぞれ**ボロノイ点**(Voronoi vertex)と**ボロノイ辺**(Voronoi edge)と呼ばれる.

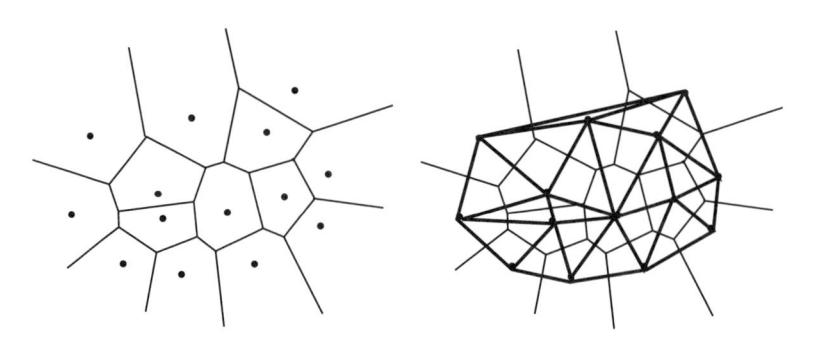

図 4.1　n個の点のボロノイ図とドローネ三角形分割

以下ではボロノイ図の基本的な性質を列挙する(図4.1参照).これらの性質はボロノイ図を構成または応用する際に利用される.議論を簡単にするため,Sのどの四つの母点も同一の円上にないと仮定する.

性質 4.1 ボロノイ領域 $V(p_i)$ は凸である．

性質 4.2 ボロノイ領域 $V(p_i)$ が有界でないための必要十分条件は，p_i が集合 S の凸包の境界上の点であることである．

性質 4.3 すべてのボロノイ頂点はちょうど三つの辺の共通点である．すなわち，各ボロノイ頂点は，それに最も近い三つの母点から等距離にある．

性質 4.4 ボロノイ頂点 v が $V(p_1)$, $V(p_2)$, $V(p_3)$ の共通点とする．3 母点 p_1, p_2, p_3 を通る円を $C(v)$ で表すとすると，$C(v)$ は S の他の母点を含まない．

性質 4.5 p_i が p_j の最近隣点であるならば，$V(p_i)$ と $V(p_j)$ はボロノイ図において隣接している．すなわち，$V(p_i)$ と $V(p_j)$ がボロノイ辺を共有している．

性質 4.6 点集合 S のボロノイ図に対して，ボロノイ辺を共有する二つの母点を直線線分で結ぶと，ボロノイ点の次数がすべて 3 であるから，点集合 S の三角形分割が得られる．これを**ドローネ三角形分割** (Delaunay triangulation) と呼ぶ．

性質 4.7 n 点のボロノイ図は高々 $2n-5$ 個の頂点と高々 $3n-6$ 本の辺を持つ．

性質 4.7 だけは自明ではない．その証明は以下の通りである．ドローネ三角形分割は n 点の平面グラフ $G = (V, E)$ である．オイラーの公式により，$|V| - |E| + |F| = 2$．ただし，F は面の集合である．ドローネ三角形分割の辺を面ごとに数えると，$3|F|$ 以上である．(有界でない面だけが 3 本以上の辺を持つ．) 一本の辺が 2 枚の面によって共有されるので，その数は実際の辺の 2 倍である．したがって，$3|F| \leq 2|E|$．それをオイラー公式に代入すれば，ドローネ三角形分割が高々 $3n-6$ 本の辺と高々 $2n-4$ 枚の面を持つことがわかる．したがって，ボロノイ図の辺の本数も高々 $3n-6$ である．三角形分割の有界な面だけがボロノイ頂点に対応するので，ボロノイ図の頂点の数は高々 $2n-5$ である．

性質 4.7 により，ボロノイ図を線形の記憶領域量で蓄えることができる．全体で高々 $3n-6$ 本の辺しか持たず，その各々はちょうど二つのボロノイ領域によって共有されるので，各ボロノイ領域の辺の平均本数は 6 にすぎない．

4.2 構成法

この節では，ボロノイ図を構成する効率的なアルゴリズムを紹介する．まず，素朴な方法でボロノイ図を構成してみよう．

母点 p_i と母点 p_j を結ぶ線分の垂直二等分を引く．この直線は平面を二つの領域に分けるので，それぞれの領域を半平面と呼ぶ．母点 p_i を含む半平面を $H(p_i, p_j)$ と記す．明らかに，領域 $H(p_i, p_j)$ の任意の点からは母点 p_j より母点 p_i の方が近い．したがって，母点 p_i のボロノイ領域を

$$V(p_i) = \bigcap_{i \neq j} H(p_i, p_j)$$

によって定義することもできる．この式から，$n-1$ 個の半平面の交わり (intersection) を求めれば，ボロノイ領域 $V(p_i)$ が得られる．

以下では，$V(p_1)$ を一つの例とし，ボロノイ領域を構成する素朴な方法を示す．まず p_1 と p_2 を結ぶ線分の垂直二等分線を引き，その直線を境界線とする p_1 側の半平面 $H(p_1, p_2)$ を求める．同様にして，p_3 につき半平面 $H(p_1, p_3)$ を求め，$H(p_1, p_2)$ と $H(p_1, p_3)$ との共通部分の領域 $H(p_1, p_2) \cap H(p_1, p_3)$ を計算する．次に，得られた領域 $H(p_1, p_2) \cap H(p_1, p_3)$ と半平面 $H(p_1, p_4)$ との共通部分である領域 $H(p_1, p_2) \cap H(p_1, p_3) \cap H(p_1, p_4)$ を求める．このように続ければ，ボロノイ領域 $V(p_1)$ が求まる．

$H(p_1, p_2)$ と $H(p_1, p_3)$ から領域 $H(p_1, p_2) \cap H(p_1, p_3)$ を求めるのに 1 単位時間かかるとした場合，領域 $H(p_1, p_2) \cap H(p_1, p_3)$ と半平面 $H(p_1, p_4)$ から $H(p_1, p_2) \cap H(p_1, p_3) \cap H(p_1, p_4)$ を求めるには 2 単位時間かかる．したがって，ボロノイ領域 $V(p_1)$ を求めるには，$1 + 2 + \cdots + (n-2) = O(n^2)$ 時間かかる．n 個のボロノイ領域よりなるボロノイ図を構成するには，$O(n^3)$ 時間かかってしまうことになる．n が大きくなると，この素朴なアルゴリズムは実用上とても使いものにならない．このため，もっと効率の良いアルゴリズムの開発が必要となる．

4.2.1 逐次添加法

逐次添加法は，まず三つの母点 p_1, p_2, p_3 よりなるボロノイ図 V_3 を作る．次に，残りの母点を1個ずつ付け加え，各ステップではそれまで加えた母点のボロノイ図を構成する．このようにして n 母点のボロノイ図 V_n が求まる．以下では，m 個の母点よりなるボロノイ図 V_m に母点 p_{m+1} を添加して V_{m+1} を作る操作について述べる．

まず，$p_1, p_2, \cdots, p_m$ の中で p_{m+1} に最も近い母点 $p_{(1)}$ を求める．p_{m+1} と各母点との距離を調べれば，$p_{(1)}$ を線形時間で見つけることができるが，以下では，少し工夫された方法を説明する．明らかに，$p_{(1)}$ が p_{m+1} に最も近い母点であるための必要十分な条件は，$p_{m+1} \in V_m(p_{(1)})$ であることである．$p_{(1)}$ を見つけるため，任意の母点 p_i を出発点とし，$V_m(p_i)$ と隣接するボロノイ領域の母点の中で $d(p_{m+1}, p_j) < d(p_{m+1}, p_i)$ を満たす母点 p_j があるかどうかを調べる．そのような p_j がなければ，現在の母点 p_i に関するボロノイ領域 $V_m(p_i)$ が母点 p_{m+1} を含む．したがって，p_i が p_{m+1} に最も近い母点 $p_{(1)}$ である．そのような p_j があるときには，その中から一つを選び p_i に置き換え，$p_{(1)}$ を見つけるまでこの操作を繰り返す．

母点 p_{m+1} に最も近い母点 $p_{(1)}$ が求まれば，これを出発点として母点 p_{m+1} に関するボロノイ領域を構成していく．まず，線分 $\overline{p_{(1)}p_{m+1}}$ の垂直二等分線と $V_m(p_{(1)})$ の辺との交点を求める．ボロノイ領域 $V_m(p_{(1)})$ が凸であることから，交点が二つあるので，その一つを q_1 としよう[*1]．点 q_1 がのっている辺で $V_m(p_{(1)})$ と隣接するボロノイ領域を $V_m(p_{(2)})$ とする．次に，線分 $\overline{p_{(2)}p_{m+1}}$ の垂直二等分線と $V_m(p_{(2)})$ の辺との交点を求める．二つの交点のうち一方が q_1 で，q_1 と異なる方を q_2 とする．点 q_2 がのっている辺で $V_m(p_{(2)})$ と隣接する領域を $V_m(p_{(3)})$ として，上の操作を繰り返す．$p_{(k)} = p_{(1)}$ となったとき，多角形 $q_1 q_2 \cdots q_{k-1}$ が母点 p_{m+1} のボロノイ領域 $V_{m+1}(p_{m+1})$ になる．領域 $V_{m+1}(p_{m+1})$ 内にあるボロノイ図 V_m の部分が消されれば，ボロノイ図 V_{m+1} が求まる．m 個の母点からなるボロノイ図 V_m に母点 p_{m+1} を添加して V_{m+1} を作る例を図4.2に示す．

逐次添加法でボロノイ図を構成するアルゴリズムを下に示す．

[*1] アルゴリズムの記述を簡潔にするため，ここでは線分とボロノイ辺との交点が有限であるときのみについて解説する．交点が無限遠にある場合には特殊な処理が必要となる（練習問題4-3）．

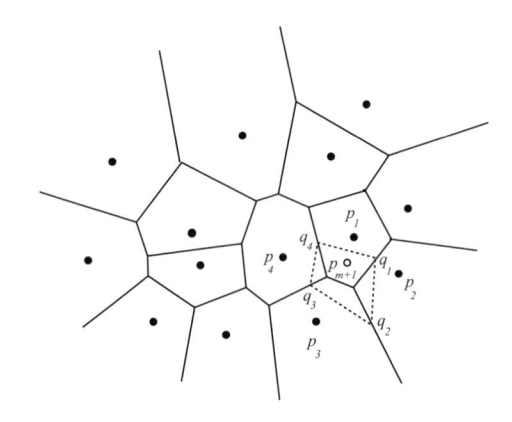

図 4.2 母点 p_{m+1} を添加してボロノイ図 V_{m+1} を作る例

逐次添加法に基づくアルゴリズム

1. 3母点 p_1, p_2, p_3 によるボロノイ図 V_3 を構成する.
2. **For** $m = 3$ **to** $n - 1$ **do**
   (a) 添加母点 p_{m+1} に一番近い母点を $p_1, p_2, \ldots, p_m$ から探し, それを $p_{(1)}$ とする.
   (b) 線分 $\overline{p_{(1)}p_{m+1}}$ の垂直二等分線とボロノイ領域 $V_m(p_{(1)})$ の辺との交点を求め, その一つを q_1 とする.
   (c) q_1 がのっている辺で $V_m(p_{(1)})$ と隣接する領域を $V_m(p_{(2)})$ とし, $k = 2$ とおく.
   (d) **While** $p_{(k)} \neq p_{(1)}$ **do**
      i. 線分 $\overline{p_{(k)}p_{m+1}}$ の垂直二等分線と領域 $V_m(p_{(k)})$ の辺との交点を求める. q_{k-1} と異なる交点を q_k とする.
      ii. q_k がのっている辺で $V_m(p_{(k)})$ と隣接するボロノイ領域を $V_m(p_{(k+1)})$ とし, k を $k+1$ に書き換える ($k \leftarrow k+1$).
   (e) 多角形 $q_1 q_2 \cdots q_{k-1}$ が母点 p_{m+1} のボロノイ領域 $V_{m+1}(p_{m+1})$ になり, $V_{m+1}(p_{m+1})$ 内にあるボロノイ図 V_m の部分を消す. 得られた図形は母点 $p_1, p_2, \ldots, p_{m+1}$ よりなるボロノイ図 V_{m+1} である.

定理 4.1 n 個の母点のボロノイ図を構成する逐次添加アルゴリズムの時間計算量は $O(n^2)$ である.

[証明] 上に述べた n 個の母点のボロノイ図を構成するアルゴリズムには **For** ループの中に **While** ループがある. しかし, ボロノイ図 V_m の辺の本数は $O(m)$ であるから, ステップ 2(d) は線形の時間で実行できる. **For** ループのほかのステップもすべて線形時間で実行できるので, **For** ループにかかる時間は $O(3+4+\cdots+n-1) = O(n^2)$ である. □

4.2.2 Fortune の走査法

分割統治法を用いると, $O(n \log n)$ の時間でボロノイ図を構成することができる. その時間計算量は最適であるが, 分割統治型のアルゴリズムをプログラム化するのはかなり難しい. このため, 80年代の中ごろまではボロノイ図を計算する大部分のプログラムは計算時間 $O(n^2)$ の逐次添加型のアルゴリズムに基づいて実現された. 1985年, Fortune は巧妙な平面走査型のアルゴリズムを提案した [41]. そのアルゴリズムは, 逐次添加型のアルゴリズムと同様に簡単であるが, 時間計算量は $O(n \log n)$ である. 本節では, この走査型のアルゴリズムについて解説する.

2.2節で述べたように, 平面走査型のアルゴリズムは平面上で一本の走査線を移動させる. この方法は, 既に走査された部分の問題を解きながら進み, 走査が終る時点で全体の問題の答を出すという仕組みである. ボロノイ図を平面走査型のアルゴリズムで構成しようとすると, 常に走査済みの部分のボロノイ図を正確に計算しなければならない. 当初, これがとても不可能なことであるように思えた. なぜなら, ボロノイ領域 $V(p_i)$ の辺の一部は, 走査線が母点 p_i に到達する前に, 走査線と出会ってしまうためである. 母点 p_i がわからないと, その領域 $V(p_i)$ の辺を正確に計算できるはずがない. Fortune は, この一見不可能そうに見えた問題を非常に巧妙なアイディアのもとで解いてしまった.

走査線は水平であり, 下から上にスキャンしていくとする. 任意のボロノイ領域 $V(p_i)$ について, $V(p_i)$ の中で母点 p_i が最初に走査線に出会うようにするため, その図形を変形する. ここでは, **幾何変換** (geometric transform) と呼ばれる方法が用いられる. (幾何変換の詳しい解説については5.2節を参照されたい.) Fortune

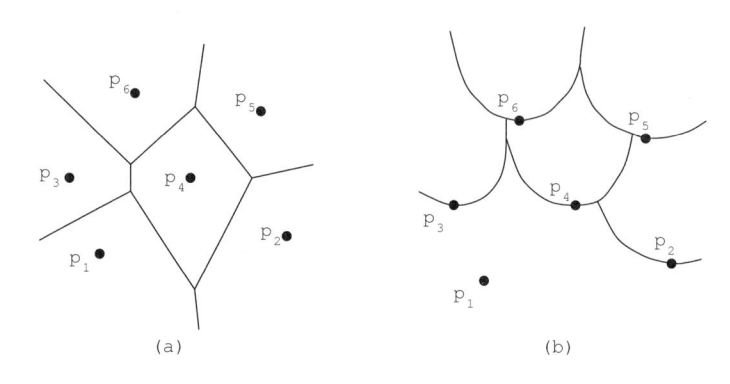

図 4.3 ボロノイ図とその変換

によって使われた変換は，ボロノイ領域ごとに行われ，点 $p = (x, y) \in V(p_i)$ を点 $\pi(p) = (x, y + d(p, p_i))$ に写像する．ここで，$d(p, p_i)$ は p と p_i との距離を表す．この変換 π により，母点 p_i は自分自身に，ボロノイ領域 $V(p_i)$ は p_i が最も下の点である図形に写像される (図 4.3 参照)．$V(p_i)$ 内にある垂直でない直線線分 l は，変換 π によって放物線 $\pi(l)$ に写像される．(線分 l の方程式が $y = ax + b$ である場合，変換された $\pi(l)$ の方程式は $y = ax + b + \sqrt{(x - p_i.x)^2 + (ax + b - p_i.y)^2}$ となる．) 母点 p_i と母点 p_j を結ぶ線分の垂直二等分線を B_{p_i, p_j} と表す．一般性を失うことなく，$p_i.y \geq p_j.y$ と仮定する．この場合，$\pi(B_{p_i, p_j})$ は p_i を最下点とする放物線となる．$p_i.y = p_j.y$ の場合，その放物線は垂直な半直線に退化する．$\pi(B_{p_i, p_j})$ を二等分放物線と呼ぶ．二等分放物線 $\pi(B_{p_i, p_j})$ の例を図 4.4 に示す．ボロノイ領域 $V(p_i)$ が $n - 1$ 個の半平面の交わりであることから，変換されたボロノイ領域 $\pi(V(p_i))$ は $n - 1$ 個の放物線を境界とする平面領域の交わりである．ボロノイ図とその変換の例を図 4.3 に示す．図 4.3(b) において，$\pi(V(p_4))$ は五つの放物線で囲まれており，二つの隣接するボロノイ点 (次数が 3 の点) は一つの放物線によって連結される．

先に述べたように，n 個の母点の集合 S に関するボロノイ図 $V(S)$ を走査法で構成するのは難しいが，変換されたボロノイ図 $\pi(V(S))$ についてはそうではない．便宜上，最小 y 座標の母点が一つしかないと仮定しておく．(そうでない場合は，この条件を満たすまで座標軸を回転すればよい．) $\pi(V(S))$ においては，母点 $\pi(p_i)$ が領域 $\pi(V(p_i))$ の最も下の点であるため，走査法が適用できる．(最小

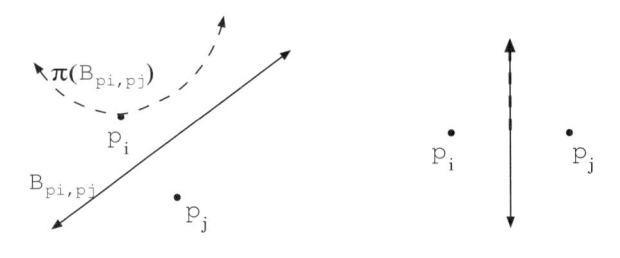

図 4.4　二等分線 B_{p_i,p_j} と $\pi(B_{p_i,p_j})$

y 座標の母点は，その変換したボロノイ領域が下に非有界なため唯一の例外である.) 以下では，変換したボロノイ図 $\pi(V(S))$ を走査法で構成するアルゴリズムについて解説する．明らかに，$\pi(V(S))$ が得られれば，逆変換を使って線形時間で元のボロノイ図 $V(S)$ が求まる．

ここでの平面走査法では，水平な走査線 L を下から上に平面上を移動させる．L は $\pi(V(S))$ の各母点と各ボロノイ点で停止しながら，y 座標軸の正方向に移動する．L が停止するたびに，L 以下の $\pi(V(S))$ を計算する．最初は走査線 L をすべての母点の下におく．このとき，L と $\pi(V(S))$ との交差部分は空である．L を上方に査走する際，L と $\pi(V(S))$ との交差部分が変わり，それを更新しなければならない．交差部分の更新は L 以下の $\pi(V(S))$ の部分を作り直すことを意味している．通常，走査線 L は $\pi(V(S))$ のボロノイ領域によっていくつかの直線線分に分けられる．一つの線分は一つのボロノイ領域に対応する．しかし，変換されたボロノイ領域が凸とは限らないため，一つのボロノイ領域 $\pi(V(p_i))$ はいくつかの線分に対応することがある．L 上のこれらの線分を管理するため，**辞書 D** が用いられる．要するに，$\pi(V(S))$ と L との交点は x 座標の昇順に辞書 D に保存される．走査線 L と放物線 $\pi(B_{p_i,p_j})$ との交点を考えよう．まず，L と $\pi(B_{p_i,p_j})$ との交点が二つある．走査線 L を y 座標軸の正方向に動かすとき，交点の x 座標は L が動くに連れて変わっていく．したがって，交点は変数 y の関数で表さなければならない．このため，放物線 $\pi(B_{p_i,p_j})$ を二つの半放物線 $\pi(B_{p_i,p_j}^-)$ と $\pi(B_{p_i,p_j}^+)$ に分ける．$p_i.y > p_j.y$ の場合，$\pi(B_{p_i,p_j}^-)$ は p_i より左の部分，$\pi(B_{p_i,p_j}^+)$ は p_i より右の部分を表す．$p_i.y = p_j.y$ の場合，$\pi(B_{p_i,p_j}^-)$ を空に，$\pi(B_{p_i,p_j}^+)$ を $\pi(B_{p_i,p_j})$ にする．二つの半放物線が共に y 変数の単調な関数であるため，走査線 L との交

点をそれぞれ$\pi(B^-_{p_i,p_j})$と$\pi(B^+_{p_i,p_j})$を用いて表すことができる．y座標が与えられると，交点のx座標は決まる．走査線Lが停止して次に停止するまでの間には，$\pi(V(S))$とLのすべての交点のL上での順番が変わることがないことに注意してほしい．辞書Dの中で近隣する二つの交点は走査線Lの一つの線分lを定める．線分lの2端点(交点)のy関数から，lに対応するボロノイ領域が分かる．

Lと$\pi(V(S))$との交差の更新は，走査線Lが母点または$\pi(V(S))$のボロノイ頂点にたどり着いたときに行われる．母点p_iにたどり着いた場合，L上に一つの新しい線分が始まり，それを辞書Dに挿入する．$\pi(V(S))$のボロノイ頂点にたどり着いた場合，L上の一つの線分が消え，それを辞書Dから削除する．次にたどり着く母点またはボロノイ点を速く見つけるため，ヒープQを用いる．最初に，すべての母点をy座標の昇順にQに入れる．Lを上方に走査する途中，ボロノイ頂点となりうる点をイベントポイントとしてQに挿入する．ボロノイ頂点となる必要条件は，その点に関連する2本の放物線が走査線L上で隣り合っていることである．すなわち，L上で2本の放物線が隣接するとき，それらの辺の間に交点があれば，その交点をQに挿入する．これに反して，L上の2本の放物線の隣接関係がなくなるとき，もし交点がQにあればそれをQから削除する．

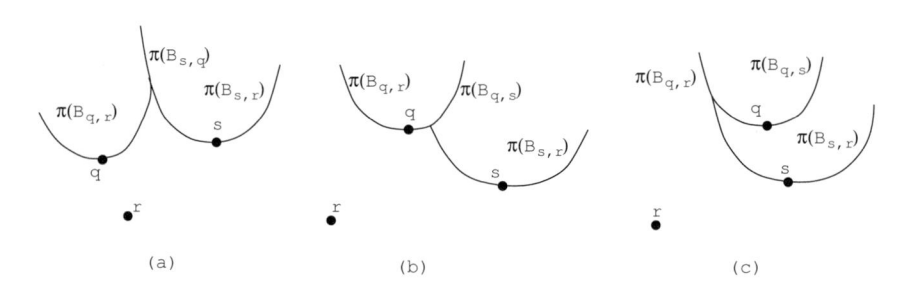

図 4.5 ボロノイ頂点にたどり着くケース

以下では入力母点の集合Sに対し，ボロノイ図$\pi(V(S))$の頂点とそれらがのっている二等分放物線を報告する平面走査型のアルゴリズムを示す．$\pi(V(S))$のボロノイ頂点にたどり着いた場合，図4.5に示されるように，三つのケースがありうる．簡単のため，アルゴリズムの中では図4.5(a)のケースだけについて議論する．(他のケースも同様に処理できる．)

Fortuneの平面走査型アルゴリズム

1. すべての母点をy座標の昇順にヒープQに入れる.
2. y座標が最小の母点をQから取り出し,そのボロノイ領域と水平な走査線Lとの交点$-\infty$と$+\infty$をx座標の昇順に辞書Dに挿入する.
3. **While** Qが空でない **do**
    (a) Qから最小の要素を取り出し,それをpとする.
    (b) pが母点である場合:
        i. Dの中からL上にpを含む線分lを見つける. 線分lに対応するボロノイ領域を$\pi(V(q))$とする.
        ii. 母点pと母点qとの二等分放物線$\pi(B_{p,q})$を計算し,それをボロノイ辺として報告する.
        iii. 走査線Lとボロノイ領域$\pi(V(p))$との交点(つまり,Lと$\pi(B_{p,q}^-)$, $\pi(B_{p,q}^+)$との交点)を線分lの両端点の間に入れ,辞書Dを更新する.
        iv. 線分lの両端点がのっている半放物線の間の交点がQにあれば,それをQから削除する.
        v. 線分lの左端点がのっている半放物線と$\pi(B_{p,q}^-)$の間に交点があれば,それをQに挿入する. また,線分lの右端点がのっている半放物線と$\pi(B_{p,q}^+)$との交点があれば,それをQに挿入する.
    (c) pが図4.5(a)に示されるように$\pi(B_{q,r}^+)$と$\pi(B_{s,r}^-)$との交点である場合(他のケースも同様に処理できる):
        i. 母点qと母点sとの二等分放物線$\pi(B_{s,q})$を計算し,それをボロノイ辺として報告する.
        ii. Dから$\pi(B_{q,r}^+)$と$\pi(B_{s,r}^-)$を削除する. $\pi(B_{q,r}^+)$とその左近隣の半放物線との交点,または$\pi(B_{s,r}^-)$とその右近隣の半放物線との交点があれば,Qからそれらも削除する.
        iii. $\pi(B_{s,q}^-)$をDに入れる. Qの中で$\pi(B_{s,q}^-)$とその左近隣,ま

たは右近隣の半放物線との交点があれば，それらもQに挿入する．

iv. pをボロノイ頂点$(\pi(V(q)), \pi(V(r)), \pi(V(s))$ の共通点$)$として報告する．

定理 4.2 Fortuneのアルゴリズムにより，n個の母点の集合Sに関するボロノイ図$\pi(V(S))$ を$O(n \log n)$ 時間と$O(n)$の記憶量で求めることができる．

[**証明**] まず母点とボロノイ頂点の総和から，**While**ループが最大$O(n)$回実行されることがわかる．ヒープQ は次にたどり着く母点とボロノイ図$\pi(V(S))$の頂点を管理する．母点の数がnであり，かつ一つの放物線がほかの放物線と高々2ヶ所(ボロノイ図の頂点となりうる交点)でしか交わらないので，Qの要素の数はいつでも$O(n)$である．Qへの挿入，削除と最小要素の各操作はすべて$O(\log n)$時間で行える．走査線L が各放物線と最大2回しか交わらないので，辞書Dのサイズも$O(n)$である．辞書Dを**平衡2分探索木**で実現すれば，Qと同様に，Dに対する挿入，削除と探索の各操作は$O(\log n)$時間で実行できる．したがって，**While**ループを1回実行する時間は$O(\log n)$である．まとめると，時間計算量が$O(n \log n)$であり，記憶領域量は$O(n)$である．□

変換されたボロノイ図$\pi(V(S))$ の頂点とそれらがのっている二等分放物線を逆変換を使って元のボロノイ図$V(S)$ の頂点とそれらがのっている二等分線に戻すことができる．したがって，n 個の母点の集合 S に関するボロノイ図$V(S)$を$O(n \log n)$時間と$O(n)$の記憶量で求めることができる．このほか，Fortuneの平面走査法はいくつかの一般化されたボロノイ図 (generalized Voronoi diagram) の構成問題にも適用できる．ここでは詳細を省略するが，母点に重みのついた場合のボロノイ図や，線分に対するボロノイ図を$O(n \log n)$時間と $O(n)$の記憶量で構成することができる．

最後に，入力の母点が凸多角形の頂点の集合となる特殊な場合には，線形時間でボロノイ図を構成できることが知られている[1]．

4.3 ドローネ三角形分割

平面上の点集合の三角形分割 (triangulation) とは，点集合による平面分割 (1.2 節) で，有界な領域がすべて三角形となる場合である．三角形分割は，凸包と並んで基本的な幾何構造であり，理論的に興味深い研究対象であるだけでなく，応用の分野でも非常に重要である．ドローネ三角形分割は，ボロノイ図の平面双対として得られ，いろいろな意味で最適な三角形分割として知られている．ドローネ三角形分割に関する具体的な応用の例は 4.5 節で述べる．

本節ではまず，ドローネ三角形分割の最適性を述べる．次に，三角形分割列挙問題への応用について論じる．最後に，ドローネ三角形分割の構成アルゴリズムを解説する．

4.3.1 ドローネ三角形分割の最適性

3次元の曲面の近似表現や有限要素法では三角形分割がよく使われる．三角形分割の良さの基準 (例えば，最大角度を最小にする，最小角度を最大にする，または辺長総和を最小にするなど) はいろいろあるが，正三角形 (三つの角度がすべて60度) がそれらのほとんどの性質を持っている．したがって，各三角形がなるべく正三角形に近いものになるように分割することが望ましい．この観点からドローネ三角形分割は非常に魅力的である．というのは，三角形分割をしたときに三角形に表れる最小の角は，すべての三角形分割の中でドローネ三角形分割が最大となるからである．実は，ドローネ三角形分割は最小角度を最大にするだけではなくて，三角形分割のすべての角度を昇順に並べてできる系列の集合の中で辞書式順序で見て最大の要素を与える．紙数の都合上，ここで述べる幾何定理の証明は省略する．

ドローネ三角形の最適性は任意の三角形分割からドローネ三角形分割へ変形できることに基づく．その基本的な操作は，凸四角形内の対角辺を交換することである (図4.6参照)．この操作はフリップ (flip) と呼ばれる．明らかに，凸四角形には異なる三角形分割が二つある．4頂点が同一円周上にないと仮定すると，そのうちの一つは4頂点のドローネ三角形分割となる．例えば，図4.6(b)の方がド

ローネ三角形分割になっている．凸四角形とその対角線がドローネ三角形分割であるための必要十分条件は，二つの三角形の外接円が他の点を内部に含まないことである(ボロノイ図の性質4.4を参照)．

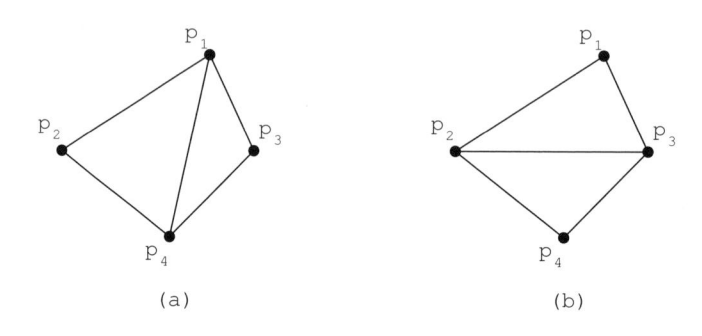

図 4.6　凸四角形の二つの三角形分割

ドローネ三角形分割でない方からドローネ三角形分割に変形するフリップ操作は，**ドローネフリップ**(Delaunay flip) と呼ばれる．ドローネフリップ操作で消える元の対角辺を**非ドローネ辺** (non-Delaunay edge) という．例えば，図4.6(a)から図4.6(b)へのフリップはドローネフリップであり，図4.6(a)での対角辺は非ドローネ辺である．ドローネフリップは非常に重要な概念である．ドローネ三角形分割に関する幾何的な性質の大部分は，まずドローネフリップについて検証し，それから得られた性質を全域へ拡張する方法によって証明されている．

ドローネフリップ操作をn点に対する三角形分割の中の凸四角形に適用することにより，一般の三角形分割に対するドローネフリップ操作を考えることができる．非ドローネ辺を持つときの三角形分割は，ある三角形の外接円が他の点を含むので，ドローネ三角形分割でない．逆に，非ドローネ辺を持たないときはドローネ三角形分割になっていることもいえる[57]．したがって，三角形分割がドローネ三角形分割であるための必要十分条件は，非ドローネ辺を持たないことである．さらに，任意の三角形分割Tから始めてドローネフリップ操作を繰り返していく過程の中で，一度外れた非ドローネ辺は，二度とそれ以後の三角形分割に現れることがない[57]．

n個の点を結ぶ辺の数は高々$n(n-1)/2$である．ドローネ三角形分割は少なくとも$2n-3$本の辺を持つことから，次の定理が成り立つ．

定理 4.3 平面上の n 点の集合 S に対し,S の任意の三角形分割から出発し,高々 $n^2/2 - 5n/2 + 3$ 回のドローネフリップ操作を繰り返すと,S のドローネ三角形分割が得られる.

さて,ドローネ三角形分割の最適性について考察しよう.一般の位置にある n 点の集合に対して,どの三角形分割も $n-2$ 個の三角形を持つ.よって,三角形分割の角度の総数 t は $3(n-2)$ である.次に,t 個の角度を昇順に並べた系列について調べる.二つの異なる三角形分割 α と β の角度系列をそれぞれ $(\alpha_1, \alpha_2, \ldots, \alpha_t)$ $(\alpha_1 \leq \alpha_2 \leq \cdots \leq \alpha_t)$ と $(\beta_1, \beta_2, \ldots, \beta_t)$ $(\beta_1 \leq \beta_2 \leq \cdots \leq \beta_t)$ とする.α と β の間に辞書式順序で大小関係を定義することができる.すなわち,$\alpha_i = \beta_i$ $(i = 1, 2, \ldots, k-1)$,$\alpha_k < \beta_k$ のとき,$\alpha \prec \beta$ とする.凸四角形の二つの三角形分割に関しては,ドローネ三角形分割の方が大きいことが簡単に確認できる.ドローネフリップを使って任意の三角形分割からドローネ三角形分割へ変形できるので,次の定理が成り立つ.

定理 4.4 ドローネ三角形分割は,三角形分割のすべての角度を昇順に並べた系列の中で辞書式順序で最大の系列を与える.

さらに,三角形分割の各三角形の外接円の大きさを考えると,次の定理が得られる.

定理 4.5 ドローネ三角形分割は,三角形分割の各三角形の外接円の半径を降順に並べた系列の中で辞書式順序で最小の系列を与える.

4.3.2 三角形分割の列挙

ドローネ三角形分割の最適性には n 点の集合に関するすべての三角形分割を列挙する問題への応用がある.このような列挙アルゴリズムは,例えば,辺長和最小の三角形分割を求める問題に利用できる.または,ランダムに三角形分割を発生させるのにも用いることができる.ただし,三角形分割の個数が一般に指数オーダであるため,小規模の問題に限って有効である.

三角形分割を列挙するアルゴリズムには**逆探索** (reverse search) と呼ばれる手法が用いられる [39].逆探索は一般に問題の入力サイズに比例する記憶領域量し

か必要としない. 他の列挙問題, 例えば直線集合が作るすべての交点の列挙や多面体の頂点列挙などにもよく使われている [8].

すべての三角形分割を有向グラフ $G=(V,E)$ で表すことができる. ここでは, V は三角形分割の集合であり, E は, 一つの三角形分割から別の三角形分割にドローネフリップ操作により変形できれば, その二つの三角形分割を有向枝で結ぶとしたときの枝の集合である. グラフ G の例を図 4.7 に示す.

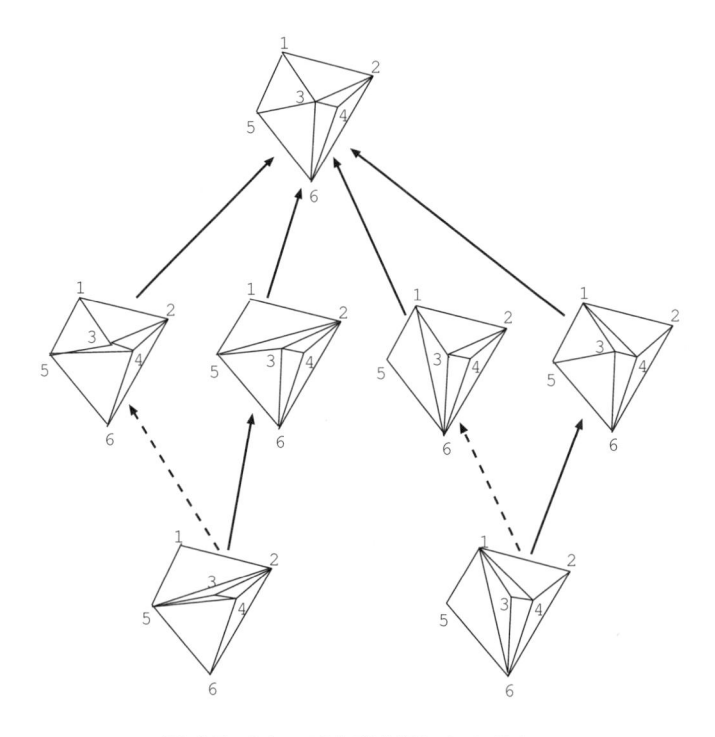

図 4.7　6点の三角形分割によるグラフ

任意の三角形分割からドローネフリップを用いてドローネ三角形分割に変形できるので, 三角形分割のグラフ G は連結である. 次に, グラフ G の上に有向全域木 T を定義する. G の各点に対し, そこから出ている枝のうち, 端点に対応している三角形分割の角度系列が辞書式順序で最小のものを選ぶ. このような有向枝からなるグラフを有向木 T と定義する. その根(出る枝がない点)はドローネ

三角形分割に対応する．図4.7に有向木 T (太線) の例を示す．明らかに，有向木 T の頂点から出る枝は1本しかない．

有向木 T において，任意の (根でない) 点から有向枝を辿って根へ至ることを一般に**探索** (search) という．すべての三角形分割を列挙するため，有向木 T に関する逆探索が使われる．そこで，T を無向グラフとみなし，T の根から深さ優先探索を行う．すなわち，点 v を出発点とすると，v に隣接していてしかもまだ列挙していない点の中で辞書式順序で最小のものを選び，その点 w を列挙する．w を新たな出発点としてこれを繰り返す．これですべての三角形分割を列挙することができる．

上の逆探索では，最初に $O(n \log n)$ の時間をかけてドロネ三角形分割を求める．隣接する点を求めるのはドロネフリップを逆に利用して容易に行える．よって，下の定理が得られる．

定理 4.6 平面上にある n 点の三角形分割のすべては，その個数を T とすると，$O(nT)$ の時間と $O(n)$ の記憶量で列挙することができる．

4.3.3 ドロネ三角形分割の構成アルゴリズム

ボロノイ図からドロネ三角形分割を得るのは線形の時間でできる．同様に，ドロネ三角形分割からボロノイ図を得るのも線形の時間でできる．一般的に言えば，ボロノイ図よりドロネ三角形分割を構成するほうが簡単である．それはボロノイ図の頂点に関する複雑な計算を避けることができるからである．ボロノイ図の頂点が3母点を通る円の中心であるため，それらを浮動小数点数型で表す必要があり，計算誤差が生じやすい．一方，ドロネ三角形分割の各領域はすべて三角形であるため，それらに関する操作 (例えば，ドロネフリップ) はより簡単である．

S を平面上における n 点の集合としよう．S のドロネ三角形分割を求める最も簡単な方法はドロネフリップを用いることである．まず，S の一つの三角形分割を逐次添加法を用いて構成する．簡単のため，x 座標順に点を添加していく．点 p を添加するとき，既に添加されている点の凸包への接線を求め，2本の接線に挟まれる凸包の境界上の点をすべて p と結べばそれまで添加された点の三角形分割が出来上がる．(後でドロネフリップを行うため，各辺の属する三角形の情報

も一緒に計算しなければならない．）それから，三角形分割の中にドローネフリップができる箇所がある限り，その操作を繰り返して行う．必要なドローネフリップの数に比例する時間でドローネ三角形分割を得るために，ドローネフリップの対象となる対角線を一つのキューに入れる．その初期値はSの凸包上の辺を除いたすべての三角形分割の辺である．ドローネフリップを行った後，凸四角形の4辺をキューに入れる．ドローネフリップに基づくアルゴリズムを下に示す．

ドローネフリップによるドローネ三角形分割の構成アルゴリズム

1. 集合Sのn個の点をx座標の昇順にソートする．
2. 逐次添加法でSの初期三角形分割を求める．
3. Sの凸包上の辺を除き三角形分割のすべての辺をキューQに入れる．
4. **While** Qが空ではない **do**
   (a) Qから最初の辺eを削除する．
   (b) **If** 辺eに隣接する二つの三角形の和が凸四角形で，かつ対角線eが非ドローネ三角形分割である **then**
   　i. 凸四角形の対角線を交換する．新しい対角線をQに入れる．
   　ii. 凸四角形の4辺をQに入れる．

定理 4.7 ドローネフリップを用いてドローネ三角形分割を構成するアルゴリズムの計算時間は$O(n^2)$である．

[証明] 逐次添加法で点集合Sの初期三角形分割を求めるのに，$O(n \log n)$時間がかかる．定理4.3により，ステップ4で実行されるドローネフリップの数は$O(n^2)$である．一回のドローネフリップは定数時間で行えるので，定理を得る．□

ドローネフリップしか使わないので，このアルゴリズムをプログラム化するのは非常に簡単である．さて，ドローネフリップを如何に実現するかを考えよう．まず，対角線ごとにそれに隣接している三角形を蓄える必要がある．隣接する二つの三角形の和が凸四角形であるかどうかを判定するには，三角形の符号付き面

4.3 ドローネ三角形分割

積の計算式を2回使えばよい. 具体的には, 隣接している三角形を $\triangle_{abc}$, $\triangle_{bcd}$ とした場合, 三角形 $\triangle_{abd}$ の符号付き面積と三角形 $\triangle_{acd}$ の符号付き面積が異なる符号であれば, 4点 a, b, c, d による四角形は凸である (図4.8(a)). これに反して, 同じ符号であれば, 四角形は凹である (図4.8(b)).

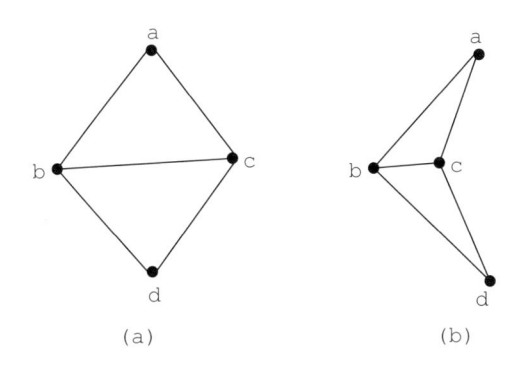

図 4.8 4点による四角形

凸四角形とその対角線がドローネ三角形分割であるかどうかは, 三角形の外接円が点を内部に含むかどうかによって判定できる. 三角形 $\triangle_{abc}$ と点 d について考える. 3点 a, b, c を通る円の方程式は次式で表される.

$$\begin{vmatrix} x & y & x^2+y^2 & 1 \\ a.x & a.y & a.x^2+a.y^2 & 1 \\ b.x & b.y & b.x^2+b.y^2 & 1 \\ c.x & c.y & c.x^2+b.y^2 & 1 \end{vmatrix} = 0$$

点 d の x, y 座標を上の行列式に代入した結果が負であれば, この円は点 d を内部に含む. これに反して, 代入の結果が正であれば, この円は点 d を内部に含まない. (結果が0のとき, 点 d が三角形 $\triangle_{abc}$ の外接円の円上にある.)

定理4.4に基づく別の簡単な方法もある. ドローネ三角形分割では最小の角度を最大にしていることから, 四角形の二つの三角形分割の最小角度を求め, 大きい方を選べばよい. さて, 一つの三角形分割の最小角度をどのように計算するか. まず, 対角線に向く角度 (例えば, 図4.8(a) の $\angle bac$ と $\angle bdc$) は計算しなくてもよい. それらの角度はもう一方の三角形分割の中ではそれぞれ二つの角度に分解されるので, それらを無視して得られる最小角どうしの比較結果は元のものと同じ

である．よって，一つの三角形には考慮すべき角度が二つしかない．例えば，図 4.8(a) の三角形 $\triangle_{abc}$ については，$\angle abc$ と $\angle acb$ の大小関係だけ知りたい．二つの角度が共に鋭角である場合を考えよう．(図 4.8(b) のような三角形 $\triangle_{abc}$ では，$\angle abc < \angle acb$ となるので，簡単に処理できる．) このとき，角度の大小関係は線分 $\overline{ab}$ と線分 $\overline{ac}$ の長さを比較すれば分かる．$\triangle_{abc}$ と $\triangle_{dbc}$ の最小角どうしを比較するには，それらの正弦関数値 (またはその平方) を比較する．例えば，$(\sin(\angle abc))^2$ を求めるのは次のように計算すればよい．点 a から線分 $\overline{bc}$ への垂線の足を a' とする．線分 $\overline{xy}$ の長さを $|xy|$ で表すと，$(\sin(\angle abc))^2 = (|aa'|/|ab|)^2$．点 b と c を通る直線の方程式を $\alpha x + \beta y + \gamma = 0$ とすると，$(|aa'|/|ab|)^2 = (\alpha a.x + \beta a.y + \gamma)^2/((\alpha^2 + \beta^2) * ((a.x - b.x)^2 + (a.y - b.y)^2))$．(二つの三角形分割の最小角度が等しい場合には，2 番目に小さい角どうしで比較する必要がある．しかし，このような特殊な場合は非常に稀れである．)

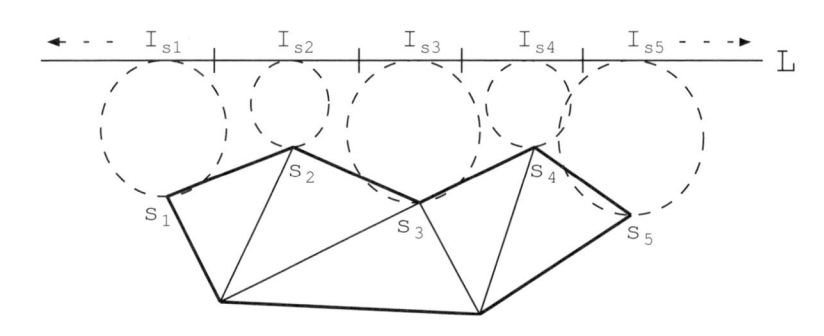

図 4.9 平面走査法でドローネ三角形分割を求める例

ボロノイ図と同様に，平面走査法を用いて $O(n \log n)$ 時間でドローネ三角形分割を構成することもできる [42]．以下ではそのアルゴリズムの概要を紹介する．平面走査型のアルゴリズムは平面上に一本の水平走査線を下から上へ移動させる．走査線 L の各点 p に対して，p を最高点とする円 C_p が S の点に達するまで膨らませる．L のある開区間 (open interval) $I(s) \subseteq L$ における各点 p に対して，C_p はちょうど母点 s に触れる (図 4.9 参照)．区間 $I(s)$ の端点 p に対し，C_p は s と隣接する母点，例えば，t にも触れる．実は，L 上の区間の列 $I = I(s_1), I(s_2), \ldots, I(s_k)$ は今までの母点によるドローネ図の "最前線" の辺の列 $\overline{s_1 s_2}, \overline{s_2 s_3}, \ldots, \overline{s_{k-1} s_k}$

を表している (図4.9で太線で表すもの). したがって, $y = +\infty$ の位置では, L 上の区間に対応する母点は S の凸包上にある. 一つの母点が I の中に何回も現れることがあることに注意してほしい.

走差線 L を上に移動させる際, どんなことが起こるだろうか. まず, 走査線 L がある母点 t に出会うとき, t を含む区間, 例えば, $I(s)$ が二つに分けられる. 要するに, $t.y$ よりすこし上の位置では, 区間 $I(s)$ が三つの区間 $I(s)$, $I(t)$ と $I(s)$ に置き換えられる. 線分 $\overline{st}$ がドローネ辺であることから, それを報告する. 次に, ある区間 $I(s)$ が点に退化する位置に達する場合を考えよう. このとき, L が母点 s とその左右の二点 r, t によって決められる円の最高点に接する. $\triangle_{rst}$ がドローネ三角形であることから, $\overline{rt}$ をドローネ辺として報告する.

平面走査型のアルゴリズムを実現するデータ構造を考えよう. まず, 走査線 L が母点に出会うたびに, 一時停止して処理を行う. それに, L 上の区間に対応する三つの連続な母点によって決められる円の最高点に出会うときも一時停止する. このため, 停止すべきイベントをキューを用いて実現する. 最初は, すべての母点を y 座標の昇順にキューに入れる. L 上の3区間が新たに近隣となったとき, 対応する3母点を通る円の最高点をキューに挿入する. L 上の区間に対応する母点の列は2分探索木を用いて実現する. 一つのイベントポイントに出会うたびに, 2分探索木が更新される. S の点とドローネ三角形ごとに走査線が1回停止するので, 停止の回数は $O(n)$ である. 1回の停止に, $O(\log n)$ 時間でキューと2分探索木を更新することができるので, アルゴリズムの時間計算量は $O(n \log n)$ となる.

定理 4.8 平面上の n 点の集合 S に対し, S のドローネ三角形分割を $O(n \log n)$ 時間で求めることができる.

4.4
最遠点ボロノイ図

ボロノイ図の持つ優雅さと実用性の高さは研究者たちを魅了して,この概念をより一般的な状況に拡張する試みがなされた.その結果,様々な形で一般化されたボロノイ図がつくられてきた.例えば,重み付きボロノイ図と線分に対するボロノイ図,多角形内におけるボロノイ図,さらに,高次元空間におけるボロノイ図,高次のボロノイ図(higher-order Voronoi diagram),マンハッタン距離(Manhattan distance)のボロノイ図などがある.高次元におけるボロノイ図と高次のボロノイ図については5.2節で説明する.以下では,最遠点問題を扱うボロノイ図について簡単に述べる.

最遠点問題とは,平面上に母点の集合 $S = \{p_i = (x_i, y_i) | i = 1, 2, \ldots, n\}$ があるとき,与えられた点 $p = (x, y)$ に対してどの母点が p に最も遠いかを決定することである.各母点 $p_i \in S$ に対して S のほかの母点より p_i の方が遠い点 (x, y) の領域は,

$$V(p_i) = \bigcap_{i \neq j} \{p | d(p, p_i) > d(p, p_j)\}$$

によって定義される.$V(p_i)$ を母点 p_i に関する**最遠点ボロノイ領域**(furthest point Voronoi region)といい,$V(p_i)$ $(i = 1, 2, \cdots, n)$ の集合は S の**最遠点ボロノイ図**(furthest point Voronoi daigram)という.定義によると,S の凸包上にない母点に対応する領域は空である.最遠点ボロノイ図の例を図4.10に示す.

平面上の最遠点ボロノイ図を最適な時間 $\Theta(n \log n)$ で構成するアルゴリズムが二つ知られている.一つは分割統治法に基づくアルゴリズムである[88].入力の母点が凸多角形の頂点の集合の場合には,最遠点ボロノイ図を $O(n)$ 時間で構成することができるので[1],点集合の凸包アルゴリズムと合わせれば,もう一つの解法が得られる.

定理 4.9 平面上の n 点の集合 S に対し,S の最遠点ボロノイ図を $O(n \log n)$ 時間で求めることができる.

最近点ボロノイ図と同様に,最遠点ボロノイ図にも様々な応用がある.点のク

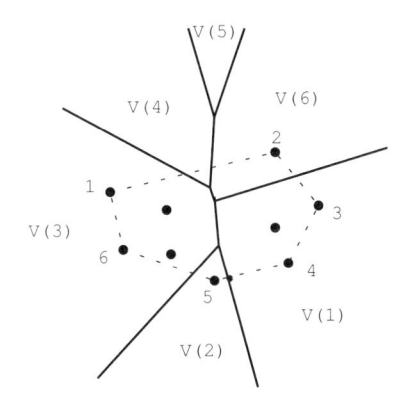

図 4.10　最遠点ボロノイ図

ラスタ (point cluster) に関するボロノイ図はその一つの例である．クラスタと呼ばれる点の集合 C に対して，点 p とクラスタ C の距離を次の式によって定義する:

$$d(p, C) = \max \{ d(p, x) | x \in C \}.$$

S をクラスタの集合とし，S の点の総数を n とする．S のボロノイ図 $V(S)$ は平面をクラスタごとにいくつかの領域に分ける．点 p がクラスタ C の領域に属するのは $d(p, C) < d(p, D)$ $(C, D \in S, C \neq D)$ であるときのみである．一般に，C の領域は必ずしも連続的であるとは限らない．このような点集合の上の距離関数およびボロノイ図は画像処理などの分野に用いられる [84]．

4 点のクラスタ A と 3 点のクラスタ B によるボロノイ図の例を図 4.11 に示す．実線は二つのクラスタのボロノイ図を表し，点線はあるクラスタに属する点の最遠点ボロノイ図を表し，クラスタごとの領域をさらに分割する．クラスタの最遠点ボロノイ図はクラスタのどの点がどの部分でクラスタへの距離を測っているかを示す．クラスタ A とクラスタ B の凸包が互いに分離されることに注意しよう．この場合，$V(S)$ の複雑さは $O(n)$ であり，各クラスタの領域も連続である [35, 98]．クラスタの凸包が互いに分離される場合，$V(S)$ を $O(n \log n)$ 時間で求めることができる (練習問題 4-14)．

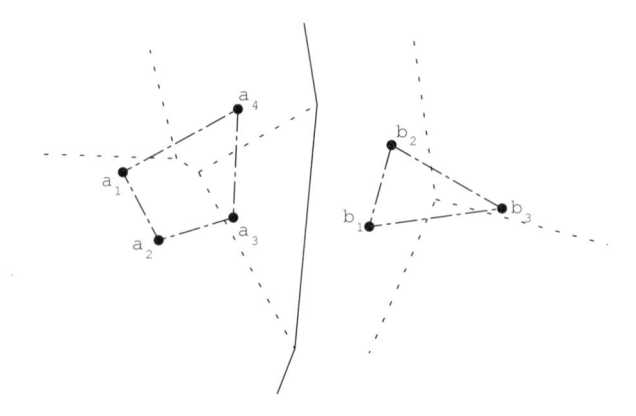

図 4.11　クラスタのボロノイ図

4.5
応用

　点の間の近接関係に関する問題は，計算幾何学を始め，グラフ理論，VLSI レイアウト設計，パターン認識などの分野においてよく研究されている．ここでは，ボロノイ図及びドローネ三角形分割が有効に使われるいくつかの応用問題を紹介する．

1. **最近点**　　4.1 節の冒頭で挙げた郵便局問題は，**最近点探索問題** (nearest-neighbor query problem) とも呼ばれる．それは，n 点の集合 S が与えられたとき，任意の質問点 q に最も近い点を求めることである．この問題を解くため，まず $O(n \log n)$ の時間で S に関するボロノイ図を構成する．そこで，質問点 q に最も近い点を見つける問題は q を含むボロノイ領域を求めることにより解決できる．S のボロノイ図における質問点 q の位置決定は**点位置決定アルゴリズム** (point-location algorithm) を適用して $O(\log n)$ の時間で答えを出せる．点位置決定アルゴリズムについては 6.3 節で解説する．最近点の探索アルゴリズムは分類問題等に応用がある．例えば，ある対象物を多くの既存の集団の中の一つに分類しなければならないとき，その対象物はその最近隣要素が属す集団に分類される．

これに関連する**全最近点問題** (all-nearest-neighbors problem) は, n 点の集合が与えられたとき, それぞれの点について最近点を求めることである. 最近点探索問題の解法と同様に, まず $O(n \log n)$ の時間で n 点のボロノイ図を計算し, その後で4.1節で述べたボロノイ図の性質4.5により各点に関する最近点を求める. その計算時間の合計はボロノイ図のサイズに比例するから $O(n)$ である. したがって, 全最近点問題は $O(n \log n)$ 時間で解くことができる.

2. **ユークリッド平面上の最小全域木** (Euclidean minimum spanning tree, EMST)　ユークリッド平面上の最小全域木問題とは, 平面上に n 個の点が与えられたとき, それらの点を頂点とし2点間を結ぶ線分を枝とするような木で, 枝の長さの総和が最小であるような木を構成することである. ユークリッド平面での最小全域木はネットワーク, VLSI レイアウト配線, パターン認識などの分野に応用を持つ. 例えば, n 点の間に光ケーブルを引いて通信システムを作ろうとする場合, EMST を用いれば最小のケーブル総延長と最小の時間遅延のネットワークが得られる.

　最小全域木はグラフ理論においてよく研究されている一つのテーマである. n 頂点の完全グラフから EMST を計算する場合, そのようなアルゴリズムの複雑さは最低 $\Omega(n^2)$ であることがわかる. しかし, ドロネ三角形分割の辺に最近関係の情報が含まれることから, 最小全域木はドロネ三角形分割の部分集合であることが証明されている. その上, ドロネ三角形分割から最小全域木を線形時間で求めるアルゴリズムも提案された. ドロネ三角形分割を求めるのは $O(n \log n)$ 時間でできるので, 平面上のユークリッド最小全域木を $O(n \log n)$ 時間で計算できることがわかる.

3. **巡回セールスマン問題** (traveling salesman problem, TSP)　ユークリッド巡回セールスマン問題は, コンピュータサイエンスにおいて最もよく研究されるテーマである. それは, 平面上に与えられた n 個の点をちょうど1回だけ通る最短の閉路を求めることである. 多くの応用問題が巡回セールスマン問題に帰着できるので, この問題は極めて重要である. 残念ながら, 巡回セールスマン問題は NP 困難であることが既に知られている. NP 困難な問題に対する多項式時間の解法が今まで知られていないため, 実際には巡回セールスマン問題に対する効率の良い近似解法を用い

る．その一つの解法はドローネ三角形分割とユークリッド最小全域木に基づいたものである．

最適なセールスマン巡回路の長さを $|TSP|$ とし，ユークリッド最小全域木の枝長の総和を $|EMST|$ とする．最適なセールスマン巡回路が n 個の点を通る最短の閉路であることから，そこから任意の1本の枝を削除したグラフは一つの全域木である．したがって，$|EMST| < |TSP|$ を得る．一方，最小全域木の各枝を2回ずつ通れば，簡単に n 点を通る一つの近似的な周遊路が求まる．$|TSP| < 2|EMST|$ となるので，ユークリッド最小全域木を求めるアルゴリズムを用いて，その長さが最適解の2倍以内であることが保証される巡回路を見つけることができる．

Christofides は，**最小ユークリッドマッチング** (minimum Euclidean matching, MEM) と呼ばれる手法を用いて近似度を最適解の2倍から 3/2 倍に下げた [24]．アイディアは，平面上に $2N$ 個の点が与えられたとき，これらの点を二つずつ線分で結んで合計の長さが最小となるようにすることである．まず最小全域木 $EMST$ における奇数次数の頂点の集合に関する最小ユークリッドマッチング MEM を求める．次にグラフ $EMST \cup MEM$ においては，各頂点の次数がすべて偶数であることから，各枝を1回ずつ通る閉路(オイラー閉路)が求まる．この閉路を辺ごとに辿り，以前に訪れた頂点を迂回することにより，一つの巡回セールスマン路 T が得られる．T の長さと MEM の枝長の総和をそれぞれ $|T|$ と $|MEM|$ とするとき，$|T| \leq |EMST| + |MEM|$ である．最適な巡回セールスマン路から一つおきに辺を選べば n 点の集合に関する二つのマッチング(一つは選ばれた辺の集合であり，他方は残りの辺の集合である)が得られる．そのうち短い方の長さは $|TSP|/2$ を超えることはない．MEM が最適なマッチングであるから，$|MEM| \leq |TSP|/2$．以上をまとめると，$|T| \leq |EMST| + |MEM| < |TSP| + |TSP|/2 = 3|TSP|/2$ を得る．ちなみに，T を計算するのに必要な時間は，MEM を求めるのに要する時間に支配される．MEM を計算する今までの最も速いアルゴリズムは Vaidya によって提案され，$O(n^{2.5}(\log n)^4)$ 時間かかる [106]．

4. **中央軸変換** (medial axis transform)　　パターン認識及びコンピュータビジョンにおいては，与えられたパターンからの特徴抽出は主要な問題で

ある.パターンの幾何学的なモデルが判らないとき,パターンの境界線に関する近接関係に基づく中央軸変換がよく使われる.多角形Pの中央軸とは,P内でPの境界線に同じ距離を二つ以上持つような点の集合のことである.明らかに,多角形の中央軸は一般化されたボロノイ図の一種類である.図4.12に"T"型の多角形の中央軸を示す.

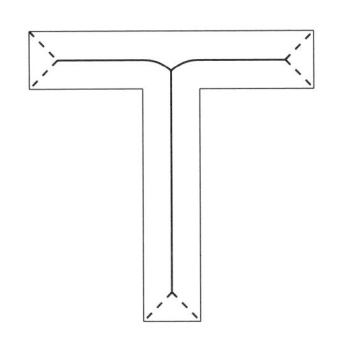

図 4.12　"T"型の多角形の中央軸変換

パターンの中央軸からパターンの特徴を抽出することができる.例えば,"T"型の多角形の中央軸から多角形の境界線とつながらない線分だけ選び出せば,それらの線分(太線)は"T"という文字の形になっている.このように,中央軸変換による特徴抽出は手書き文字の認識に役に立つ.その他,生物学における正常細胞と異変細胞の区別に用いられることもある.ちなみに,n頂点の多角形の中央軸は線形時間で構成できる[22].

5. **ロボットの動作計画** (robot motion planning)　ロボットの形状と位置,それに動作空間中の障害物の形状とその位置が与えられたとき,ロボットの初期位置から目標位置に至る,連続的かつ障害物を回避するような動作が存在するか否かを決定し,もし存在するならばその動作を提示することはロボットの動作計画問題と呼ばれる.ロボットの形状は一般に円,棒,凸多角形などが考えられる.障害物を回避するため,ロボットはできるだけ障害物から離れるように動くことが望ましい.ボロノイ図の母点を障害物と見なすとき,ボロノイ辺は障害物から最大に離れている.これに基づいてレトラクト法(retraction method)と呼ばれる動作計画手法が開発された.レトラクト法によるロボットの動作経路は,動作空間が

平面に制限されるとき，障害物の集合に関するボロノイ図の辺に沿って動くものである．すべての障害物が点(例えば，小さい穴)ならば，普通のボロノイ図で十分である．障害物が多角形または他の形のとき，一般化されたボロノイ図が必要となる．

動作空間が三次元のとき，またはロボットに平行移動だけでなく回転も許すなど，様々な一般化ボロノイ図が経路計画に関係して研究されている．この分野に関する新しい研究結果は [86] を参照されたい．

ロボットの最適動作計画問題 (optimal motion planning problem) は，ロボットの初期位置から目標位置までの障害物を回避する最短経路を見つけることである．これまで研究されている唯一の最適動作計画問題は，ロボットが一つの点で表されるケースである．この特殊な問題はロボットの最適経路計画問題 (optimal path planning problem) とも呼ばれる．動作空間が平面に制限され，ロボットの自由空間が n 本の直線線分で囲まれるケースを考えよう．障害物の頂点の間で互いに見ることのできる頂点の対を枝で結んでできる可視グラフ (visibility graph [4, 45]) を求めることにより，ロボットの最適経路計画問題を $O(n^2)$ 時間で解くことができる．ドローネ三角形分割はしばしば最適動作計画問題に対する効率の良い近似解法を与える．例えば，ドローネ三角形分割のグラフ上での2点間の最短距離がその2点間のユークリッド距離の約 2.5 倍にすぎないことが証明されている．障害物がある場合には，障害物の辺を三角形分割の辺とする制約つきドローネ三角形分割 (constrained Delaunay triangulation) を構成すればよい．制約つきドローネ三角形分割は $O(n \log n)$ 時間で構成できるので，可視グラフを用いるアルゴリズムの $O(n^2)$ 時間を改良できる．少し変形したドローネ三角形分割を用いることにより，Chew は近似度を 2 に下げることに成功した [18]．この近似手法はほかの問題，例えばネットワーク設計，VLSI レイアウト配線などにも応用できる．これらの近似手法の重要なポイントは次の事実である．n 点の集合のドローネ三角形分割は平面グラフであり，$O(n)$ 本の枝しか持たない．これに対して，n 点の間に点対をすべて直線で結ぶ完全グラフまたは可視グラフは必ず $O(n^2)$ 本の枝を持ってしまう．

6. **最大空円** (largest empty circle)　　ある地域に新しい売店を開くことを考えよう．人口が一様分布する場合，店をどのように配置したら利益を最大にすることができるか．この質問に答える一つの方法は，その地域に既にある同種類の売店からできるだけ離れたところに新しい店を配置することである．すなわち，新しい店の場所は内側に他の店のない最大空円の中心であることが望ましい．

    それでは，点集合の最大空円を厳密に定義しよう．平面上の n 点の集合 S に対する最大空円とは，その内部に S のどの点も含まず，その中心が S の凸包 $CH(S)$ 内にあるような円のうち半径最大のものをいう．このような円の中心はボロノイ図 $V(S)$ の頂点か，$V(S)$ と S の凸包 $CH(S)$ の辺との交点でなければならないということを示すことができる．これにより，最大空円を求める $\Theta(n \log n)$ 時間の最適なアルゴリズムを設計することができる (練習問題 4-10)．

7. **三角形メッシュ**　　3 次元物体の表面をコンピュータグラフィックスで表現するとき，メッシュ法がよく使われる．例えば，車の表面をデザインするとき，車体を三角形メッシュで覆って見せるのは一般のやり方である．単に見やすくするためだけではなく，例えば車が衝突したときの衝撃の伝わり方や，走っているときの気流や雨水などの影響を計算するときにもメッシュが用いられる．具体的には「有限要素法」という微分方程式の近似解法で分析を行う．有限要素法で使うためには，メッシュの三角形の内部角度がある程度以上大きくなくてはいけない．ドローネ三角形分割が三角形分割の最小角度を最大にしているので (定理 4.4)，それによるメッシュは最適である．

    医用画像処理においても，例えば CT などから得た平行な断面の複数枚のデータから人の器官を 3 次元的に復元する場合には，三角形メッシュが用いられる．三角形メッシュによる器官等の表現は外科手術のシミュレーションや放射線療法の計画などに貢献している．

4.6
練習問題4

1. 任意に与えられた3点または4点のボロノイ図を描け．
2. 正三角形または正多角形の頂点のボロノイ図とドローネ三角形分割を描け．
3. 4.2.1項で述べられた「逐次添加法に基づくアルゴリズム」においては，線分とボロノイ辺との交点が無限遠となる場合もある．それはステップ2(b)とステップ2(d)でボロノイ領域が有限でない場合に起こる．この特殊な場合にも対処できるアルゴリズムを書け．
4. 3次元におけるn個の母点に関するボロノイ図は$O(n^2)$本の辺を持つことを示せ．
5. 4.3.3項ではドローネフリップを実現する二つの方法が提示された。それぞれをプログラムで実現し，プログラムの実行時間を比較せよ．(実行時間を計測するのに，一組のデータについて同じプログラムを何回も繰り返して実行する必要があるかもしれない.)
6. 与えられた点集合Pに対して，Pの一つの三角形分割を逐次的に構成するプログラムを書け．
7. 与えられた点集合Pの三角形分割から，ドローネフリップを用いてPのドローネ三角形分割を求めるプログラムを書け．
8. 与えられた点集合Pのドローネ三角形分割から，Pのボロノイ図を求めるプログラムを与えよ．
9. 点集合Pのドローネ三角形分割を求める平面走査型の$O(n \log n)$時間のアルゴリズムを書け．
10. 与えられたn個の点に対して，最大空円を求める$\Theta(n \log n)$時間の最適なアルゴリズムを設計せよ．
11. 与えられたn個の点を含む最小円を求める$O(n \log n)$時間のアルゴリズムを書け．(一般に最小円は2点または3点を通ることに注意しよう．また，この問題を線形の時間で解くことも可能である.)
12. 平面上の点(x,y)を3次元の点(x,y,x^2+y^2)に対応させる幾何変換を考えよう．平面上の点集合Sに対して，対応させた点は，すべて放物体$U: z = x^2+y^2$の上にあるため，一つの凸包を定める．その凸包の下側の面(法線が下に向くもの)を垂直に(x,y)平面に投影したものはSのドローネ三角形分割であることを証明せよ．(ヒント：放物体Uと点(a,b,a^2+b^2)で接する平面の方程式は

$z = 2ax + 2by - (a^2 + b^2)$ である．この接平面を垂直に上に距離 r^2 持ち上げると，U と交わる．その交わりの方程式は $x^2 + y^2 = 2ax + 2by - (a^2 + b^2) + r^2$，すなわち，$(x-a)^2 + (y-b)^2 = r^2$ である．したがって，(x,y) 平面への垂直投影は円となる．これにより，投影した三角形の外接円の中に他の点を含まないことを証明できる．)

13. 図4.12に示された多角形の中央軸には曲線も含まれている．中央軸に含まれる曲線の関数はどのようなものか．
14. クラスタの凸包が互いに分離される場合，クラスタのボロノイ図 $V(S)$ を求める $O(n \log n)$ 時間のアルゴリズムを設計せよ．(ヒント：クラスタごとの最遠点ボロノイ図を求めた後，平面走査法を適用してみよう．)
15. 凸多角形 A と B が互いに分離される場合，A と B との間の最小距離を持つ点対 (a,b) を求める線形時間のアルゴリズムを与えよ．
16. 凸多角形 A と B が互いに分離される場合，A と B との間の橋 (a,b) ($a \in A, b \in B$) のコストを次式で定義する：
$$\max_{a' \in A}\{d(a',a)\} + d(a,b) + \max_{b' \in B}\{d(b,b')\}.$$
コスト最小の最適橋を求める線形時間のアルゴリズムを与えよ．(ヒント：最適橋の端点 a が頂点 a' の最遠点ボロノイ領域に属するので，A の頂点による最遠点ボロノイ図と最適橋との関係を調べよう．)

第 5 章

アレンジメント

アレンジメント (arrangement) とは，2次元の場合，直線による平面の分割であり，3次元の場合は平面による空間の分割のことである．アレンジメントは計算幾何学において凸包とボロノイ図に続き重要な幾何構造である．アレンジメントは一見抽象的に見えるが，実際は多くの幾何問題と絡んでいる．例えば，第2章で紹介した隠面除去のアルゴリズムにはアレンジメントの構造が使われていた．本章では，直線のアレンジメントに関する主な性質と定理について解説する．アレンジメントに関する良い参考書としては，Edelsbrunner[32] が挙げられる．また，関数族のエンベロープ (envelope) と Davenport-Schinzel 列は曲線や曲面などのアレンジメントと緊密な関係があり，様々な幾何アルゴリズムを解析するのに強力な道具であるため，それについても触れる．

5.1
アレンジメントの組合せ特性と構成アルゴリズム

n本の直線が与えられると平面がいくつかの領域に分割される．その分割を構成する**頂点** (vertex, 直線の交点)，**辺** (edge, 交点間の直線線分)，**セル** (cell, いくつかの辺に囲まれる凸領域) などを要素としてそれらの間の接続関係を表すものをアレンジメントと言う．既に見たようにアレンジメントは隠面除去などのアルゴリズムで重要な役割を果たす．アレンジメント (あるいはアレンジメントの一部) を求めるアルゴリズムの性能を評価するには，アレンジメントの組合せ的複雑さを知らなければならない．この節では，まずn本の直線によるアレンジメントの複雑さについて述べる．次にゾーン定理と呼ばれる，1本の直線によって貫

かれる部分の組合せ的複雑さを調べる.その後で紹介されるアレンジメントの構成アルゴリズムの性能は,ゾーン定理によって保証される.最後に,高次元における超平面のアレンジメントに関する結果について触れる.

n 本の直線のアレンジメントが**単純** (simple) であるとは,n 本のうち任意の 2 本の直線が交わりを持ち,しかもそれらの交わりがすべて異なるときである.したがって,どの 3 本の直線も共通の交点を持たないし,どの 2 本の直線も平行でない.単純でないアレンジメントは退化しているという.n 本の直線による単純なアレンジメントはすべて同じ数の頂点と辺とセルを持っているが,このことはアレンジメントの持つ最大の特徴である.

定理 5.1 n 本の直線の単純なアレンジメントにおいて,頂点,辺,セルの数はそれぞれ $|V| = \binom{n}{2}$, $|E| = n^2$, $|C| = \binom{n}{2} + n + 1$ である.

[証明] 単純なアレンジメントにおいて,2 本の直線のペアはちょうど一つの交点を生じるので,頂点の数が $\binom{n}{2}$ であることがわかる.$|E|$ と $|C|$ の公式は帰納法で証明できる.$n = 1$ のとき,それらの公式は自明に成り立つ.$n-1$ 本の直線のアレンジメント $\mathcal{A}$ が $(n-1)^2$ 本の辺と $\binom{n-1}{2} + n$ 個のセルを持っていると仮定する.次に $\mathcal{A}$ に新しい直線 l を挿入する.$\mathcal{A}$ のどの直線もその上のちょうど一本の辺が l と交わるので,$\mathcal{A}$ の $n-1$ 本の辺が $2(n-1)$ 本の辺に分けられ,l 自身は n 本の辺に分割される.したがって,$|E| = (n-1)^2 + (n-1) + n = n^2$.さらに,$l$ が $\mathcal{A}$ の n 個のセルを貫くので,$|C| = \binom{n-1}{2} + n + n = \binom{n}{2} + n + 1$.よって,定理が証明された.□

上の定理により,アレンジメントのパラメーター $|V|$, $|E|$, $|C|$ はすべて $\Theta(n^2)$ である.

$\mathcal{A}$ を n 本の直線によるアレンジメントとし,l をそれらと異なる直線とする.$\mathcal{A}$ における l の**ゾーン** (zone) $Z_{\mathcal{A}}(l)$ は l と交わるセルの集合である.例えば,図 5.1 では,直線 l のゾーンは $\{A, B, C, D, E\}$ である.ゾーン定理は $Z_{\mathcal{A}}(l)$ に含まれるセルの辺の総数の上界を示す.この定理はアレンジメントを逐次添加法で構成するアルゴリズムの時間解析に用いられるため,それ自体でも重要な定理である.

定理 5.2 (ゾーン定理) 平面上の n 本の直線からなるアレンジメント $\mathcal{A}$ において,一つの直線 l のゾーン $Z_{\mathcal{A}}(l)$ に含まれるセルの辺の総数は $O(n)$ である.

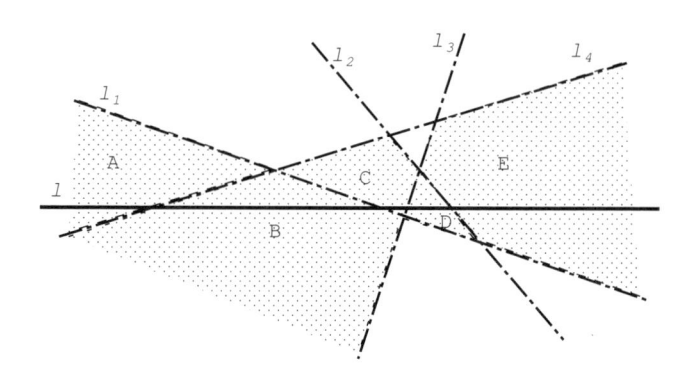

図 5.1 　直線 l のゾーンは $\{A, B, C, D, E\}$ である

[証明] 一般性を失うことなく, l が水平であり, $\mathcal{A}$ の直線が水平でないとし, さらにアレンジメント $\mathcal{A} \cup \{l\}$ は単純であるとする. 以下では, l のゾーン $Z_\mathcal{A}(l)$ に含まれるセルの辺の総数は高々 $6n$ であることを示す. この証明は Edelsbrunner らによるものである [37].

セル C の左支持辺というのは, 辺を下から上に辿るときに C がその辺の右にあるときである. 同じく, セル C は右支持辺の左にある. どの支持辺も水平でないから, l のゾーンに含まれるセルの辺は左支持辺と右支持辺に分けられる. 定理を示すには, 左支持辺の数が高々 $3n$ であることをいえばよい. 証明は帰納法による. $n = 0$ のとき, アレンジメントが空なので, l のゾーンも左支持辺もない. 次に $n(\geq 1)$ 本の直線からなるアレンジメント $\mathcal{A}$ における $Z_\mathcal{A}(l)$ の左支持辺の数を調べる. そこで, r を $\mathcal{A}$ の直線の中で l との交点が最も右の直線とする (図 5.1 では $r = l_2$). $\mathcal{A}$ から r を除いて得られたアレンジメント $\mathcal{A}'$ における $Z_{\mathcal{A}'}(l)$ の左支持辺の総数は帰納法の仮定から高々 $3n - 3$ である. $\mathcal{A}'$ に r を加えるとき, r が最右であるという性質から r 自身はちょうど 1 本の左支持辺を生み出し, それは $Z_{\mathcal{A}'}(l)$ の最も右のセルとの交わりである. さらに r と $Z_{\mathcal{A}'}(l)$ の最も右のセルとの交わりしか新しい左支持辺が生じないので, r によって高々 2 本の $Z_{\mathcal{A}'}(l)$ の左支持辺を分割するだけである. よって, 高々 3 本の左支持辺が増えるだけなので定理を得る. □

ゾーン定理により, アレンジメントを逐次添加法で構成するアルゴリズムがす

ぐに思いつく．n 本の直線からなるアレンジメントの辺の数は $O(n^2)$ であるが，そのうち1本の直線と交わるセルを囲む辺の総和は $O(n)$ しかないことをゾーン定理は示している．アルゴリズムの入力を n 本の直線とする．アレンジメントを表すために，次のようなデータ構造を用意する．各辺に対しその両端点を覚える．各頂点に接続している四つの辺は時計回りの順で覚えておく．

アレンジメントを構成する逐次添加型のアルゴリズムは非常に簡単である．$k-1$ 本の直線からなるアレンジメント $\mathcal{A}_{k-1}$ に k 番目の直線 l_k を加えてアレンジメント $\mathcal{A}_k$ を構成する操作を考えよう．まず，$x = -\infty$ で l_k のすぐ上にある直線または辺を線形時間で見つける．その辺の $x = -\infty$ 端点から時計回りにアレンジメント $\mathcal{A}_{k-1}$ のセルの境界をたどり，l_k と交わる辺を探していく．l_k と交わる辺が見つかったとき，その交点からまた時計回りに次のセルの境界をたどる．この過程を繰り返すと，l_k と $\mathcal{A}_{k-1}$ の $k-1$ 本の直線との交点をすべて見つけ，$\mathcal{A}_k$ を得る（図 5.2 参照）．明らかに，この操作により訪れるセルの集合は l_k のゾーンである．直線 l_k と任意の辺の交点は $O(1)$ の時間で求められるので，l_k を加えるのにかかる手間は $O(k)$ である．逐次添加型のアルゴリズムを下に示す．

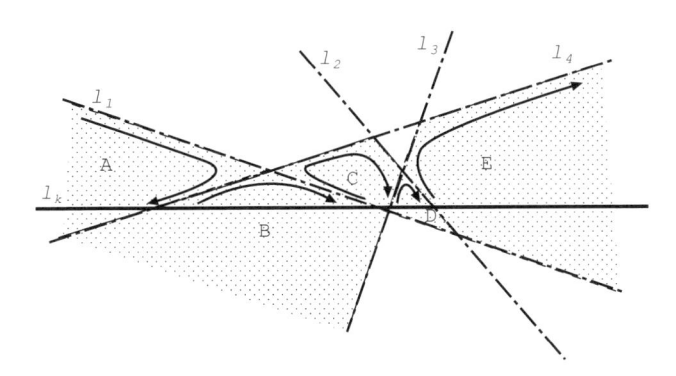

図 5.2　直線 l_k をアレンジメント $\mathcal{A}_{k-1}$ に挿入する

アレンジメントを構成する逐次添加型のアルゴリズム

1. 1本の直線によるアレンジメントを $\mathcal{A}_1$ とする．
2. **For** $k = 2$ **to** n **do**

(a) $x = -\infty$ で直線 l_k のすぐ上にある辺を見つける.
(b) 見つけた辺から時計回りにアレンジメント $\mathcal{A}_{k-1}$ のセルの境界をたどり, l_k と $\mathcal{A}_{k-1}$ との交点をすべて見つけていく.
(c) $\mathcal{A}_{k-1}$ から $\mathcal{A}_k$ を構成する.

定理 5.3 平面上の n 本の直線のアレンジメントを $\Theta(n^2)$ の時間計算量と記憶領域量で構成することができる.

[証明] 明らかに, 上のアルゴリズムは $O(n^2)$ 時間で実行できる. アルゴリズムの最適性は定理5.1による. アレンジメントを蓄えるのにすべての辺を記憶しなければならないので, $O(n^2)$ の記憶領域量が要る. □

平面上の直線のアレンジメントに関する多数の結果を容易に高次元に拡張できるのはアレンジメント理論の最大の特徴である. 高次元の超平面 (hyperplane) のアレンジメントに対して, 定理5.1, 定理5.2, 定理5.3 と同様の結果が得られる. 具体的な証明はここでは省くが, 興味のある読者は文献 [37] を参照されたい.

定理 5.4 d 次元空間内の n 枚の超平面からなるアレンジメントの組合せ的複雑度は $O(n^d)$ であり, 一つの超平面のゾーンは $O(n^{d-1})$ の複雑度を持つ. さらに, n 枚の超平面からなるアレンジメントは逐次添加法を用いて $O(n^d)$ の時間計算量と記憶領域量で構成することができる.

これまでの結果をまとめると, d 次元における超平面のアレンジメントを構成するアルゴリズムは簡単かつ最適である. このアレンジメントの特性は, 次節で紹介する幾何変換を通して多くの幾何問題の解法に使われる.

5.2
幾何変換

ある幾何問題は, そのままで解くのは難しいが, 別の幾何問題に変換したら非常に見通しがよくなり, 効率の良いアルゴリズムが得られる場合がある. このよ

うな変換を**幾何変換** (geometric transformation) という．4.2.2項でみたように幾何変換はボロノイ図の構成アルゴリズムなどで重要な役割を果たす．この節では，まず**双対変換** (dual transformation) と呼ばれる幾何変換について述べる．次に，幾何変換を使って高次元におけるボロノイ図と高次のボロノイ図をそれぞれ凸包とアレンジメントに結び付ける．

5.2.1 双対性

双対変換とは，E^d 内の点を E^d 内の垂直でない超平面に写し，逆に E^d 内の垂直でない超平面を点に写す変換である．簡単のため，以下では平面上の双対変換について述べる．パラメーターによっていろいろな双対変換ができる．例えば，点 $p : (a, b)$ を直線 $L : y = ax - b$ に，直線 $L : y = kx + d$ を点 $p : (k, -d)$ に写す変換がよく使われている．この項では以下のような双対変換 $\mathcal{D}$ を紹介する．

$$p : (a, b) \iff L : y = 2ax - b.$$

双対変換 $\mathcal{D}$ には次の重要な性質がある．

性質1 双対変換 $\mathcal{D}$ は，点と直線の順序を変えない．すなわち，点 $p : (a, b)$ が直線 $L : y = 2cx - d$ より上にあれば，双対平面上で点 $\mathcal{D}(L)$ は直線 $\mathcal{D}(p)$ より上にある．

[証明] 点 p が直線 L より上にあるので，$b > 2ca - d$．すなわち，$d > 2ac - b$．双対平面において $\mathcal{D}(p)$ は直線 $y = 2ax - b$ であり，$\mathcal{D}(L)$ は点 (c, d) である．$x = c$ のとき，直線 $\mathcal{D}(p)$ の y 座標は $2ac - b$ である．不等式 $d > 2ac - b$ から，点 $\mathcal{D}(L)$ が直線 $\mathcal{D}(p)$ より上にあることがわかる．□

性質1により，次の性質は自明である．

性質2 双対変換 $\mathcal{D}$ は点と直線の接続関係を変えない．すなわち，点 $p : (a, b)$ が直線 $L : y = 2cx - d$ の上に乗っていれば，直線 $\mathcal{D}(p)$ は点 $\mathcal{D}(L)$ を含む．

性質3 直線 L_1 と L_2 が点 p で交わるなら，双対平面上で直線 $\mathcal{D}(p)$ は点 $\mathcal{D}(L_1)$ と点 $\mathcal{D}(L_2)$ を通る．また，3点が1直線上にあるなら，双対平面上でそれらの3点に対応する3本の直線は1点で交わる．

双対変換の例を図5.3に示す．双対変換の諸性質によると，n 本の直線の上/下側エンベロープ (upper/lower envelope, 次節参照) は凸包の下/上部の頂点に対応する．図5.3には直線の上/下側エンベロープを太線で示す．

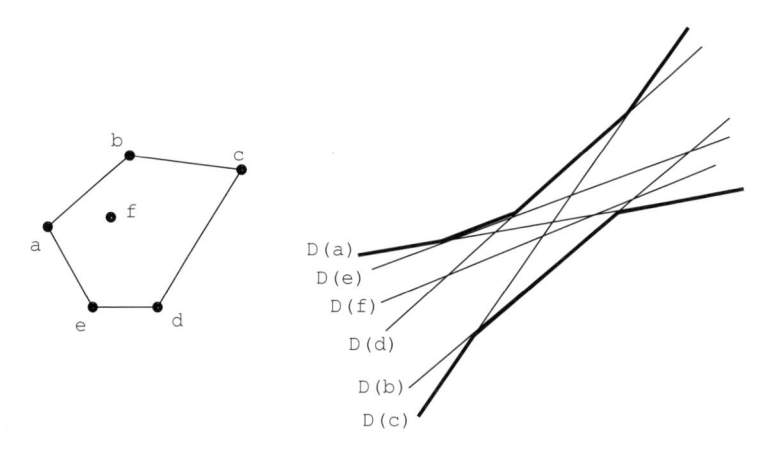

図 5.3 双対変換

双対変換を用いると，平面上の点集合に関するいろいろな性質を表すことができる．また，点集合を眺めていてもうまく解けないような問題が，双対変換で点を直線に変換し，そのアレンジメントを使うことによって簡単に解けることがよくある．次に，幾何変換を用いてボロノイ図と凸包およびアレンジメントとの関係を明らかにする．

5.2.2 高次元におけるボロノイ図と凸包

平面上におけるボロノイ図の定義 (4.1 節) と同じように，3 次元以上の高次元空間においても，点集合のボロノイ図を定義することができる．E^d における点集合 S のボロノイ図が E^{d+1} における凸包に変換できることを最初に示したのは Brown である [15]．ここでは，Edelsbrunner と Seidel の放物線による**投影変換** (projective transform) について解説する [36]．

まず，E^d は E^{d+1} において超平面 (hyper plane) $x_{d+1} = 0$ であるとする．すなわち，E^d における点 $(x_1, x_2, \cdots, x_d)$ を E^{d+1} における点 $(x_1, x_2, \cdots, x_d, 0)$ と同一視する．Edelsbrunner と Seidel の変換は，$x_{d+1} = x_1^2 + x_2^2 + \cdots + x_d^2$ で定義される放物体 U に基づく．S の母点 $p = (p_1, p_2, \cdots, p_d)$ を，点 $(p_1, p_2, \cdots, p_d, p_1^2 + p_2^2 + \cdots + p_d^2)$ で放物体 U と接する超平面 $\tau(p)$ に変換する．すなわち，

$$\tau(p) : x_{d+1} = 2p_1 x_1 + 2p_2 x_2 + \cdots + 2p_d x_d - (p_1^2 + p_2^2 + \cdots + p_d^2) .$$

5.2 幾何変換

幾何変換τにはどのような特徴があるだろうか. 超平面$\tau(p)$と超平面$\tau(q)$の交わりを考えよう. 二つの超平面の交わりをE^dへ垂直に投影したものは次の式で表される:

$$2p_1x_1 + 2p_2x_2 + \cdots + 2p_dx_d - (p_1^2 + p_2^2 + \cdots + p_d^2)$$
$$= 2q_1x_1 + 2q_2x_2 + \cdots + 2q_dx_d - (q_1^2 + q_2^2 + \cdots + q_d^2).$$

この方程式は次のように変形できる:

$$(p_1-x_1)^2+(p_2-x_2)^2+\cdots+(p_d-x_d)^2 = (q_1-x_1)^2+(q_2-x_2)^2+\cdots+(q_d-x_d)^2.$$

この式は, E^d次元における母点pと母点qからの等距離点, すなわちpとqを結ぶ直線線分と垂直な二等分超平面を表す. 母点pを含みこれらの二等分超平面を境界とする半空間の交わりはpのボロノイ領域である. E^{d+1}次元において各超平面の放物体U側の半空間の交わりは一つの非有界な凸多面体であるので, この凸多面体の下側を超平面$x_{d+1}=0$に垂直に投影したものはSのボロノイ図となる(図5.4参照). このように$V(S)$は, E^{d+1}における半空間の共通部分から得ることができる.

半空間集合の共通部分を求めることは, E^{d+1}においてn枚の超平面の上側境界を求めることである. 超平面の上側境界を求めるには, これらの超平面(例えば, $x_{d+1} = a_1x_1 + \cdots + a_dx_d + a_{d+1}$)を幾何変換を用いて点(例えば, $(a_1,\ldots,a_d,-a_{d+1})$)に変換すれば, 変換された点の集合の凸包(の下部)を求めることと等価である(5.2.1項の各性質は$d+1$次元でも成立することに注意). すなわち, E^dにおいてSのボロノイ図を求めることはE^{d+1}において点集合の凸包を求めることに帰着できる. よって, 高次元でのボロノイ図を求めるのに凸包アルゴリズムを利用することができる. 凸包の場合と同様に, 高次元E^dにおけるボロノイ図の複雑さはdに関して指数関数的に増加していく. 例えば, 3次元のn母点に対するボロノイ図には$O(n^2)$個の頂点がある. 一般的に, E^dにおけるn母点のボロノイ図の複雑さは$O(n^{\lfloor(d+1)/2\rfloor})$である. 高次元の凸包アルゴリズムを利用することにより, 以下の定理が得られる.

定理 5.5 $d \geq 3$のとき, E^dにおけるn母点のボロノイ図は, $O(n^{\lfloor d/2\rfloor+1})$の時間で構成することができる.

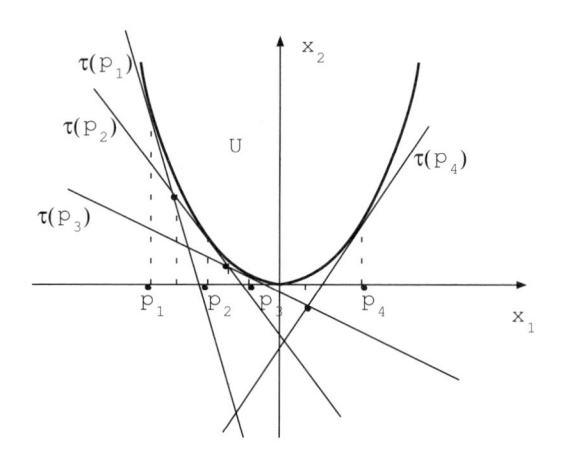

図 5.4 ボロノイ図と凸包の対応関係

一方, E^d における S のドローネ三角分割も幾何変換を使って簡単に求められる. 前と同じように, E^d の点 $p = (p_1, p_2, \cdots, p_d)$ には, E^{d+1} の点 $p' = (p_1, p_2, \cdots, p_d, p_1^2 + p_2^2 + \cdots + p_d^2)$ を対応させる. 先の分析からわかるように, E^{d+1} において S の点に対応する点の凸包を考えるとそれらの点はすべてその凸包上にある. その凸包の下側境界を垂直に超平面 $x_{d+1} = 0$ に投影したものは S のドローネ三角分割である.

5.2.3 高次のボロノイ図とアレンジメント

E^d における点集合 S の k **次のボロノイ図** (order-k Voronoi diagram) は, 4.1 節で定義した最近点ボロノイ図を拡張したもので, 「質問点に最も近い k 個の母点は何か」という問いに答えるためのものである. つまり, サイズ k の部分集合 $T \subset S$ に対して, 次数 k のボロノイ領域 $V_k(T)$ を

$$V_k(T) = \{p \mid d(p, p_i) < d(p, p_j), \forall p_i \in T, \forall p_j \in S - T\}$$

と定義する. ボロノイ領域 $V_k(T)$ もまた凸であるが, 空になることもある. すべてのサイズ k の部分集合 T のボロノイ領域の集まりは S の k 次ボロノイ図を定義し, それを $V_k(S)$ と記す. 明らかに, 最近点ボロノイ図は 1 次のボロノイ図であり, 最遠点ボロノイ図は次数 $n-1$ のボロノイ図である. 図 5.5 に平面上における 2 次のボロノイ図の例を示す.

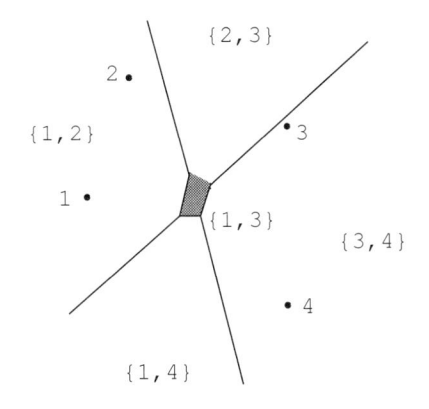

図 5.5　2次のボロノイ図（母点1と3は中央の領域に最も近い）

前項で述べた幾何変換 τ に基づいて，E^d における高次ボロノイ図を構成することができる．このため，まず幾何変換 τ のもう一つの解釈について説明する．E^d における集合 S の一つの母点を p とし，a を E^d の任意の点とする．a を通って超平面 $x_{d+1} = 0$ と垂直な直線を L_a と記す．上 $(x_{d+1} = +\infty)$ から見たとき，L_a はまず放物体 U，次に超平面 $\tau(p)$ と交わる（図5.6(a)）．二つの交点の距離を w とすると，$w = (d(a,p))^2$ となる．これは次のような計算からわかる：

$$w = a_1^2 + a_2^2 + \cdots + a_d^2 - (2a_1p_1 + 2a_2p_2 + \cdots + 2a_dp_d - (p_1^2 + p_2^2 + \cdots + p_d^2))$$
$$= (a_1 - p_1)^2 + (a_2 - p_2)^2 + \cdots + (a_d - p_d)^2 = (d(p,a))^2.$$

したがって，S のすべての母点に対応する超平面を考えると，距離 w を最も小さくする超平面に対応する母点は，集合 S の中で a に最も近いものである．この超平面は直線 L_a において他の $n-1$ 枚の超平面のどれよりも高い．言い替えると，この超平面は L_a との交点の x_{d+1} 座標が一番大きい．明らかに，直線 L_a との交点の x_{d+1} 座標が二番目に大きい超平面に対応する母点は，a に二番目に近いものである．したがって，交点の x_{d+1} 座標の順番によって a に最も近い k 個の母点の集合 T が分かる．ここでは，超平面 $x_{d+1} = 0$ において a を動かしても T が変わらない領域を調べたい．このため，a に k 番目と $k+1$ 番目に近い二つの母点に対応する超平面に着目しよう．この二つの超平面の交わりにおいては k 番目の超平面と $k+1$ 番目の超平面が入れ換わる．よって，その交わりを超平面 $x_{d+1} = 0$

(E^d) に垂直に投影したものが V_k の境界線となる．(透明な) 超平面の集合のアレンジメントにおいて，上 ($x_{d+1} = +\infty$) から k 番目に見える超平面の層をアレンジメントの k-レベル (level) と定義すると，アレンジメントの k-レベルと $k+1$-レベルの交わりを超平面 $x_{d+1} = 0$ に投影したものが，E^d における点集合 S の k 次のボロノイ図となる．これは，前章で述べた (次数 1 の) 最近点ボロノイ図の求め方とも一致する．図 5.6(b) には直線 (E^1) 上の 4 点に対する次数 2 のボロノイ図の求め方を示す．

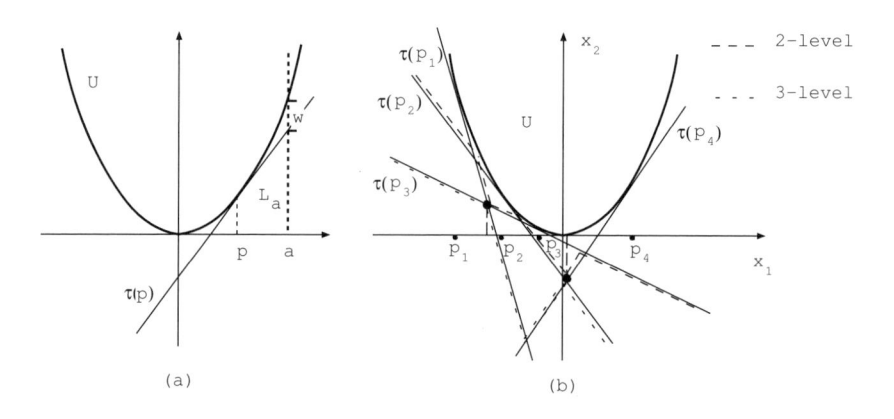

図 5.6 高次のボロノイ図とアレンジメントのレベルの交わり

上の観察から，E^{d+1} における超平面の集合のアレンジメントを求めることによって，E^d 上の n 母点の集合に対するすべての高次のボロノイ図の族を計算するアルゴリズムが得られる．E^{d+1} における n 枚の超平面のアレンジメントの複雑さは $O(n^{d+1})$ であり，それを最適な時間 $O(n^{d+1})$ で計算することができる (5.1 節参照)．

定理 5.6 E^d において，n 個の母点の集合に対するすべての次数のボロノイ図は $O(n^{d+1})$ の計算時間と記憶領域量で求めることができる．

5.3 関数族のエンベロープと Davenport-Schinzel 列

これまでは, 直線や平面など, まっすぐなもののアレンジメントを考えた. 2次元の場合は, 平行でない2本の直線はちょうど1点で交わる. 一般的に, d 次元空間内の d 枚の超平面は1点でしか交わらない. 本節では, 曲線や曲面などのアレンジメントについて述べる. 曲がった対象物は2点以上で交わるので, 組合せ複雑度が増加し扱いにくくなる. 曲線や曲面などのアレンジメントに関する研究はアレンジメントの下側または上側の**エンベロープ** (lower/upper envelope), いわゆる関数族のエンベロープに集中している.

n 個の1変数連続関数 $f_i(x)$ の集合で, 任意の二つの関数は互いに高々 s 個の点で交わるものを考えよう. この関数の集合に対し, それらの関数の最小値を値として取る関数 $f(x)$ を定義する:

$$f(x) = \min \{ f_i(x) \mid i = 1, 2, \cdots, n \}.$$

関数 $f(x)$ のグラフは, n 個の関数 $f_i(x)$ のグラフの下側エンベロープである. 要するに, 真下から見えるグラフ $f_i(x)$ を連接したものである (図5.7). $f(x)$ のグラフに現れる関数 $f_i(x)$ の回数の最大値 (エンベロープの複雑度) を $\lambda_s(n)$ で表す. 図 5.7 では, $\lambda_s(n) = 7$ である.

この $\lambda_s(n)$ を評価するため, Davenport-Schinzel 列 (以下では DS 列と表す) という組合せ論の概念が用いられる. (n, s)-DS 列とは, n 個の記号からなる列で, どの二つの記号に着目しても, 交互に現れる二つの記号の回数が $s+1$ を超えないものである. DS 列は, 様々な幾何アルゴリズム (例えば, ロボットの障害物回避アルゴリズム [57]) を解析するための強力な道具である.

定義 5.1 (n, s)-DS 列は n 個の記号から構成され, 以下の二つの条件を満たす列 $U = (u_1, u_2, \ldots, u_m)$ である.

(1) $u_i \neq u_{i+1}$ $(i = 1, 2, \cdots, m-1)$.
(2) $u_{i_1} = u_{i_3} = u_{i_5} = \cdots = a$, $u_{i_2} = u_{i_4} = u_{i_6} = \cdots = b$, $a \neq b$ を満足するような $s+2$ 個の添字 $i_1 < i_2 < \cdots < i_{s+2}$ が存在しない.

n 個の1変数関数を n 個の記号に対応させ, 関数の交点を記号の入れ換えとみな

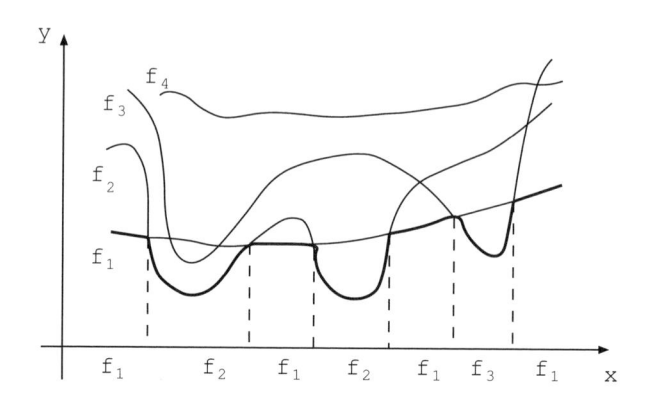

図 5.7 三つの1変数関数の下側エンベロープ

せば，$\lambda_s(n)$ が (n,s)-DS 列の長さ m の最大値に等しいことがわかる．$(n,1)$-DS 列では，文字が一度現れたら二度と現れないので，$\lambda_1(n) = n$ である．$(n,2)$-DS 列では，ある文字が二度目に現れてくると，それらの間にある文字(少なくとも一つがある)はこの後に現れない．一度だけ現れる文字の数が1であるとき，それを含む前後の部分列の長さが最大 $n-1$ である．一度だけ現れる文字の数が $n-1$ であるとき，残る1文字が最大 n 回現れる．これらのケースは $(n,2)$-DS 列を最長にしているので，$\lambda_2(n) = 2n-1$ である．一般に，$\lambda_s(n)$ に関しては次の定理が得られている [57]．

定理 5.7　$\lambda_1(n) = n$
　　　　　　$\lambda_2(n) = 2n - 1$
　　　　　　$\lambda_3(n) = \Theta(n\alpha(n))$
　　　　　　$\lambda_4(n) = \Theta(n2^{O(\alpha(n))})$
　　　　　　$\lambda_{2s}(n) = O(n2^{O(\alpha(n)^{s-1})}), s > 2$
　　　　　　$\lambda_{2s+1}(n) = O(n\alpha(n)^{O(\alpha(n)^{s-1})}), s \geq 2$

ここで，$\alpha(n)$ は **Ackermann関数**の逆関数で，増加するのが非常に遅い関数である [51]．具体的に示すと，$\alpha(1) = \alpha(2) = 1$, $\alpha(3) = 2$ であるが，65536個の2からなる指数の塔 $2^{2^{2^{\cdots}}}$ より小さい n に対しては，$\alpha(n) \leq 4$ である．任意の固定された s に対して $\lambda_s(n)$ は実用上は n の線形関数(理論的には線形を超える関数

であるが) とみなせることを上の定理は示している.

n 個の連続関数 $f_i(x)$ の下側エンベロープを求めるアルゴリズムについては, 分割統治法を適用したものが多い. 詳細は省くが, 分割統治型のアルゴリズムは $O(\lambda_s(n) \log n)$ の時間で下側エンベロープを構成することができる (練習問題 5-2).

今までの議論は, 1 変数関数族のエンベロープに関するものである. その複雑度 $\lambda_s(n)$ の限界は Davenport-Schinzel 列を用いることによって示された. 多変数関数の問題についても, いくつかの結果が得られている. 例えば, $(d+1)$ 次元における n 個の d 次元単体 (simplex) の下側エンベロープの幾何学的複雑度は $O(n^d \alpha(n))$ である [33]. d 次元単体とは, d 次元の最も簡単な凸物体ということである. 例えば, 1 次元の単体は線分で, 2 次元の単体は三角形で, 3 次元の単体は三角形の面を持つ 4 面体である.

5.4 応用

アレンジメントは一見抽象的に見えるが, 実際は多数の幾何問題と関連がある. 例えば, 隠面除去のアルゴリズム (2.3 節) と「質問点に最も近い k 個の母点は何か」という問に答える k 次のボロノイ図を求めるアルゴリズム (5.2.3 項) にはアレンジメントの構造が使われた. 以下では, アレンジメントのほかの応用について述べる.

5.4.1　ユークリッド距離変換

距離変換とは, 入力として与えられた 2 値画像の各画素についてそこから最も近い 0 画素への距離を求める処理で, ディジタル画像解析における基本的な処理である. 各種図形の形状抽出やパターンマッチング, 最近接点補間, それにモルフォロジカル変換 [87] などで用いられる. 距離として 4 近傍または 8 近傍による最短経路の長さ, すなわち 4 近傍距離または 8 近傍距離を用いる場合には 3×3 近傍に基づく局所処理の繰り返しによって距離変換を $O(N^2)$ 時間で求めることができる [81]. ただし, 画像のサイズを $N \times N$ (N 行 N 列) とする. しかし, ユークリッド距離の場合はそのような局所処理の適用ができず, 長い間 $O(N^3)$ 時間

のアルゴリズムしか知られていなかった.

最近, $O(N^2)$ 時間でユークリッド距離変換を行うアルゴリズムが考案されたので [62], それを紹介する. このアルゴリズムは行方向の処理と列方向の処理の 2 段階で距離変換を行う. 行方向の処理においては, N 個の関数の下側エンベロープを求めることでその行の各画素に最も近い 0 画素を求める.

$N \times N$ の 2 次元ディジタル画像において, 第 i 行第 j 列の画素を (i, j) で表し, その濃度値が b_{ij} である画像を $\mathbf{B} = \{b_{ij}\}$ のように表記する. 濃度値として 0 と 1 しかとらない画像を 2 値画像と呼び, 値 0 および 1 の画素をそれぞれ 0 画素, 1 画素と呼ぶ. 2 値画像 $\mathbf{B} = \{b_{ij}\}$ のユークリッド距離変換画像 $\mathbf{D} = \{d_{ij}\}$ を次式で定義する.

$$d_{ij} = \min_{1 \leq p, q \leq N} \{\sqrt{(i-p)^2 + (j-q)^2} \mid b_{pq} = 0\} \tag{5.1}$$

すなわち, $\mathbf{D}$ は d_{ij} が入力画像 $\mathbf{B}$ の画素 (i, j) から 0 画素までの最小ユークリッド距離であるような画像である. $\mathbf{B}$ から $\mathbf{D}$ を求める処理をユークリッド距離変換という.

まず, 距離変換の基本アルゴリズムを解説する. $N \times N$ の入力 2 値画像 $\mathbf{B} = \{b_{ij}\}$ に対して次の二つの変換を順に実行する.

変換 1　$\mathbf{B} = \{b_{ij}\}$ に対し, 各列 j ごとに列方向のみを参照して距離変換を行い画像 $\mathbf{G} = \{g_{ij}\}$ を求める. すなわち,

$$g_{ij} = \min_{1 \leq p \leq N} \{|i-p| \mid b_{pj} = 0\} \tag{5.2}$$

である. ただし, 0 を含まない列 j については $g_{ij} = \infty (1 \leq i \leq N)$ とする.

変換 2　$\mathbf{G} = \{g_{ij}\}$ に対し, 各行 i ごとに行方向のみを参照して画像 $\mathbf{D}' = \{d'_{ij}\}$ を求める. ただし,

$$d'_{ij} = \min_{1 \leq q \leq N} \{(j-q)^2 + g_{iq}^2\} \tag{5.3}$$

である.

図 5.8 は入力画像 $\mathbf{B}$, 変換 1 を実行した後の画像 $\mathbf{G}$, それに画像 $\mathbf{D}'$ の例である. 求められた画像 $\mathbf{D}'$ の各画素 $d'_{i,j}$ の値は, $\mathbf{B}$ において画素 (i, j) からもっとも近い 0 画素までのユークリッド距離を 2 乗した値である.

0	0	0	1	1	0
1	1	0	1	1	0
1	1	1	1	1	1
0	1	1	1	1	0
0	1	1	0	0	0
0	0	1	0	0	0

B

0	0	0	5	4	0
1	1	0	4	3	0
1	2	1	3	2	1
0	2	2	2	1	0
0	1	3	1	0	0
0	0	4	0	0	0

G

0	0	0	1	1	0
1	1	0	1	1	0
1	2	1	2	2	1
0	1	4	2	1	0
0	1	2	1	0	0
0	0	1	0	0	0

D′

図 5.8 ユークリッド距離変換

変換1をディジタル画像上で実行するには,各列ごとに2回の走査を行えばよい.よって,変換1の時間計算量は $O(N^2)$ である.また,変換2を実行するには各画素ごとに(3)式を計算するので全部で $O(N^3)$ の時間が必要である.

以下では,基本アルゴリズムの変換2を効率良く実行する方法を与える.いま,i 行目の走査を考える.第 k 列に存在する0画素から (i,j) へのユークリッド距離の2乗の最小値は $(j-k)^2 + g_{ik}^2$ であり,この値を j の関数 $f_k^i(j)$ として表す(図5.9(a)).すなわち,$f_k^i(j) = (j-k)^2 + g_{ik}^2$ とする.すると,$d'_{ij} = \min_{1 \le k \le N} f_k^i(j)$ である.したがって,各行で行う処理は,関数の集合 $F_N^i = \{f_k^i(x) \mid 1 \le k \le N\}$ の下側エンベロープ $\min_{1 \le k \le N} f_k^i(x)$ を求めることに帰着する(図5.9(b)).関数集合のエンベロープを求めるアルゴリズムについては,分割統治法を適用したものが多いが,ここでは F_N^i のどの二つの関数も1箇所でしか交わらないので,非常に簡単な方法でエンベロープを求めることができる.以下では,文脈から明らかなときは $f_k^i(x)$ と F_N^i をそれぞれ $f_k(x)$ と F_N と書く.

$F_l = \{f_k(x) \mid 1 \le k \le l\}$ に対し,その下側エンベロープを与える関数の集合を $L_{\text{env}}(F_l)$ と表記する.すなわち,

$$L_{\text{env}}(F_l) = \{f_i(x) | \exists x_0 \ f_i(x_0) = \min_{1 \le k \le l} f_k(x_0)\}$$

である.

$L_{\text{env}}(F_N)$ は次のようにして求める.i 行目の走査の初期状態として2列目まで進んだ時点を考える.このとき,$L_{\text{env}}(F_2) = \{f_1, f_2\}$ なので,f_1 と f_2 をスタックに積む(図5.10(a)).簡単のため,$g_{i1} \neq \infty, g_{i2} \neq \infty$ と仮定する.後は順次,右

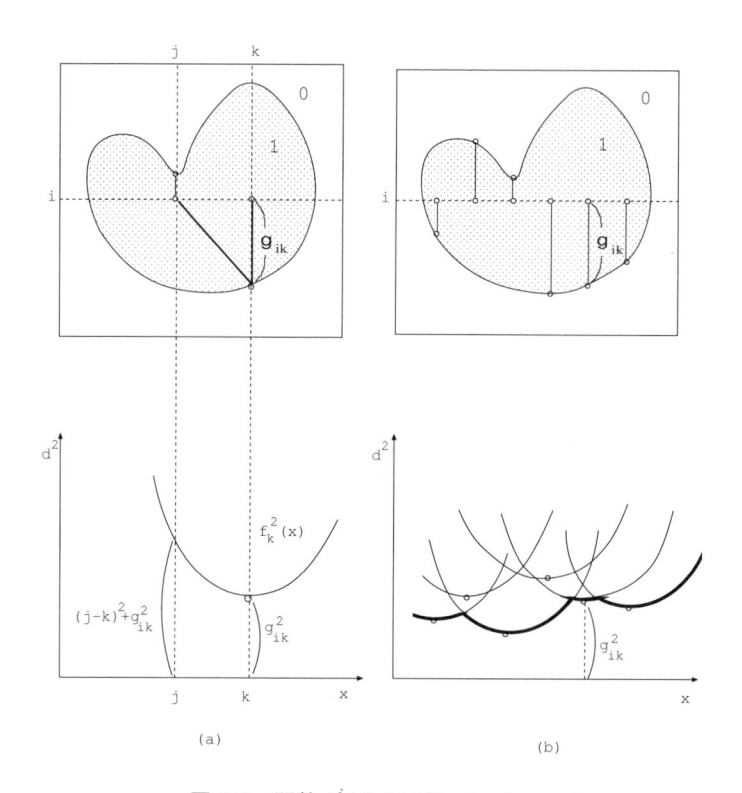

図 5.9 関数 $f_k^j(j)$ と下側エンベロープ

に走査を進めて $L_{\text{env}}(F_3), L_{\text{env}}(F_4), \cdots, L_{\text{env}}(F_N)$ と求めていく．(図5.10の例では，$L_{\text{env}}(F_3)$ に f_3 が入るので f_3 をスタックに積んでいる．$L_{\text{env}}(F_4)$ には f_4 が入るが，f_3 が下側エンベロープに現れなくなるので f_4 をスタックに積む前に f_3 が除去（ポップ）されている．) F_l を求めるとき，f_l とスタックの先頭の関数との交点がスタックの先頭の二つの関数の交点より左であれば，スタックの先頭の関数を除去する．この操作を除去すべき関数が全部取り出されるまで繰り返す．最後は f_l をスタックに入れる．このようにして $L_{\text{env}}(F_N)$ がスタックに求まったら，スタック内の関数の値を各画素に代入する．

$L_{\text{env}}(F_N)$ を求めるときの時間計算量について考察する．スタックに対して施される演算回数に着目すると，要素の挿入（プッシュ）はたかだか N 回，要素の取出し（ポップ）もたかだか N 回である．よって，各行の処理の計算量は $O(N)$ で，

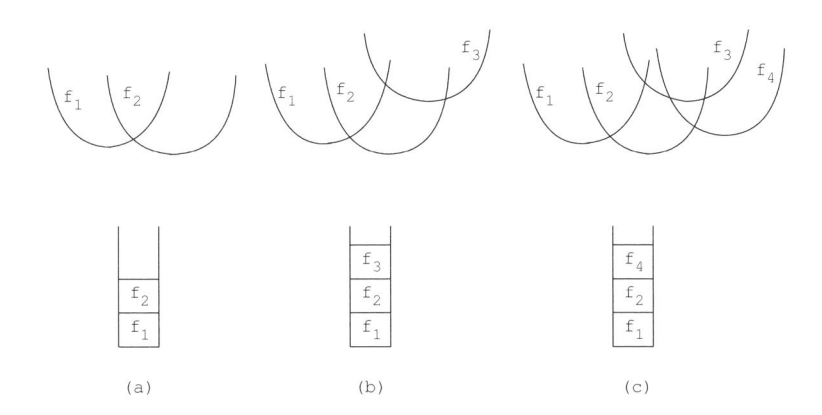

図 5.10 下側エンベロープの求め方

基本アルゴリズムの変換2は$O(N^2)$時間で行える．変換1が$O(N^2)$でできることと合わせて，$O(N^2)$時間でユークリッド距離変換を求めることができることになる．

上述のアルゴリズムは，4近傍距離や8近傍距離など画像処理でよく用いられるほとんどの距離に対して適用できることが分かっている[54]．

5.4.2 様相グラフ

様相グラフ(aspect graph)という用語は画像認識のために導入されたものである．つまり，物体の特徴的なシーンをすべて記憶しておき，それらを現在見ているシーンと比べるという仕組みになっている．多面体の場合には，特徴的なシーンは多面体の組合せ的構造によって決定される．二つの視点から多面体の同じシーンを見ているというのは，見える多面体の面の集合が同じであるときのみである．多面体の外側の空間がいくつかの領域に分けられ，各領域は同じシーンを見ている視点の集まりであるようなものは視覚空間分割(visual space partition，VSPと略す)と呼ばれている．明らかに，様相グラフはVSP(をグラフで表したとき)の双対グラフである．よって，様相グラフはVSPから簡単に得られる．

アレンジメントは凸多面体のVSP(それによって様相グラフ)を表現する絶好の道具である．というのは，凸多面体PのVSPがちょうどPの面を通る平面によって形成されるアレンジメントだからである．図5.11は五面体のVSPの一部

を表している. 例えば, セル X (面 A と面 B, C, D を通る平面によって囲まれる領域) にある視点は面 A のみが見える. 定理 5.4 により, n 個の頂点を持つ凸多面体の VSP のサイズが $O(n^3)$ であり, それは $O(n^3)$ の時間で構成できる. したがって, 様相グラフも同様の計算時間で得られる.

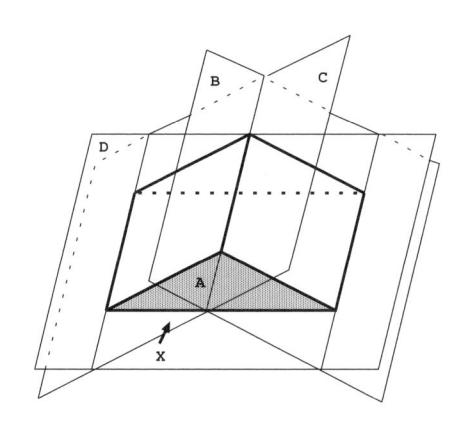

図 5.11 セル X にある視点は面 A のみが見える

5.4.3 ハムサンドイッチカット

どのサンドイッチも同じ量のパン, ハムとチーズの二つの部分に分けられるという非常に有名な定理がある. この定理の 2 次元の離散バージョンは, 任意の二つの点集合をそれぞれ二等分する直線が必ず存在するということである. 二つの点集合がある直線によって完全に分離される場合, アレンジメントを用いてその二等分線を線形の時間で見つけることができる.

議論を簡単にするため, n 個の点の集合 A と m 個の点の集合 B は y 軸によって完全に分離され, それぞれ y 軸の左と右にあるとし (図 5.12 参照), さらに各集合には奇数個の点があると仮定する. したがって, 点集合の二等分線は必ずそのうちの 1 点を通る. それにより, ハムサンドイッチカットが唯一であることがわかる. 5.2.1 項で述べた双対変換 $\mathcal{D}$ を用いて集合 A と B の点を変換する. $X = A \cup B$ とし, 集合 $\{\mathcal{D}(x) | x \in X\}$ を $\mathcal{D}(X)$ で表す. 双対平面では, $\mathcal{D}(X)$ は直線のアレンジメントとなる. 図 5.13 では, $\mathcal{D}(A)$ と $\mathcal{D}(B)$ の直線アレンジメントをそれぞれ実線と点線で表している. 上と下にそれぞれちょうど $(n-1)/2$ 本

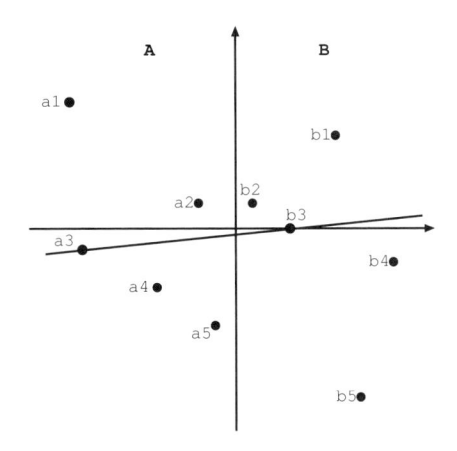

図 5.12　直線は点集合 A と B のハムサンドイッチカットを示す

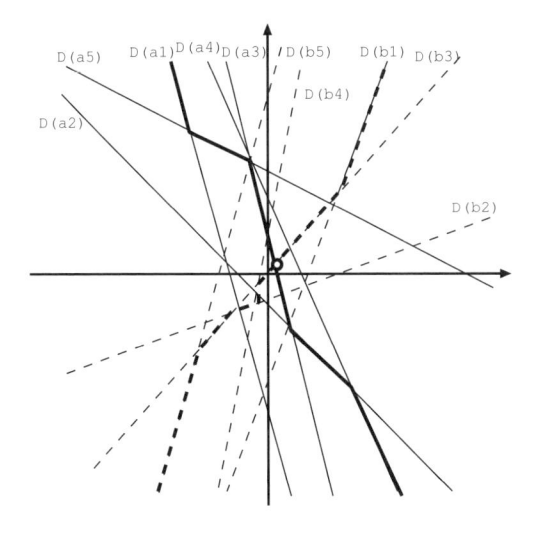

図 5.13　$\mathcal{D}(A)$ と $\mathcal{D}(B)$ の中央レベルの交点は図 5.12 のハムサンドイッチカットに対応

の直線を持つ, アレンジメント $\mathcal{D}(A)$ の辺の集合を**中央レベル**という. 双対変換 $\mathcal{D}$ の性質1から, A のすべての二等分線はアレンジメント $\mathcal{D}(A)$ の中央レベル上の点に対応する. A の点がすべて y 軸の左にあるため, $\mathcal{D}(A)$ の直線の傾きはすべて負である. したがって, $\mathcal{D}(A)$ の中央レベルは x 座標に関して単調減少のグラフであり, $\mathcal{D}(B)$ の中央レベルは単調増加のグラフである (図5.13参照). $\mathcal{D}(A)$ と $\mathcal{D}(B)$ の中央レベルは1点で交わるので, その交点は唯一のハムサンドイッチカットを決める. 図5.13では, $\mathcal{D}(A)$ と $\mathcal{D}(B)$ の中央レベルの交点は図5.12の直線 (ハムサンドイッチカット) に対応する. 詳細は省略するが, アレンジメントを完全に構成せずに, 中央レベルの交点を $O(n+m)$ の時間で見つけることができる ([32] 参照).

5.5
練習問題 5

1. 直線のゾーンのサイズができるだけ大きくなるような例を構成せよ. ($6n$ を超えないことが定理5.2の証明から保証されるが, 実際はその数に達することができないことが知られている.)
2. 平面における n 本の直線の下側エンベロープを求める分割統治型のアルゴリズムを与えよ.
3. 平面上に与えられる n 個の点から3点を選んで三角形を作ることを考えよう. 面積が最小となる三角形を見つけるアルゴリズムを書け. (3点ごとに計算すれば $O(n^3)$ の時間で簡単に求まるが, アレンジメント構造を用いてより効率のいいアルゴリズムを設計せよ.)
4. ユークリッド距離変換を行うプログラムを書け.
5. 4近傍および8近傍の距離変換アルゴリズムを与えよ.

第6章

幾何的探索

6.1
幾何的探索とは

　n個のデータの集合Sの中に目指すデータxを探すのに，Sの要素を一つづつ調べることは普通しない．データ間に順序(大小関係)があることを利用して2分探索が行われる．探索時間は$O(\log n)$と非常に効率がよい．探索だけではなく新たなデータの挿入や不要なデータの削除があるときには1.4節で紹介した2分探索木が用いられる．大きさがxとyの間に入るデータをすべて見つけるという場合でも2分探索木を使って効率よく実行できる．1.4節の2分探索木でもよいが，2分探索木の葉にSの要素を格納し，それらの要素をリストにした整列2分木(図6.1)だと，もっと分かり易いであろう．この場合，見つけ出すデータの個数をkとすると$O(\log n + k)$時間でそれらのデータを出力できる．

　データが幾何的な対象物(例えば平面上の点や直線)の場合，探索の仕方は上の方法とは異なってくる．いま，平面上にn個の点集合があるとしよう．直線lを与えて，lより上にある点すべてを見つけよという問題では，上で述べたような単純な2分探索は働かない．直線の代わりに，円や長方形のような幾何的領域を与え，そこに含まれる点をすべて見つけるという問題(図6.2)だともっと難しくなる．このような問題を**領域探索問題**(range search problem)という．領域探索問題の応用例としては，地理情報処理における公共施設や学校などの検索が挙げられる．

　平面をいくつかの領域に分割したときの分割領域の集合(例えば，ボロノイ図，

```
        ○
      ／ ＼
     ○     ○
    ／＼   ／＼
   ○  ○  ○  ○
  ／＼／＼／＼／＼
```
→3→5→8→10→15→17→21→25

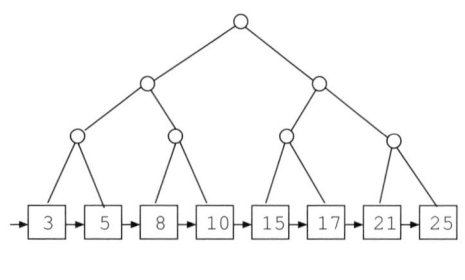

S={3,5,8,10,15,17,21,25}

図 6.1　整列2分木 (threaded binary tree)

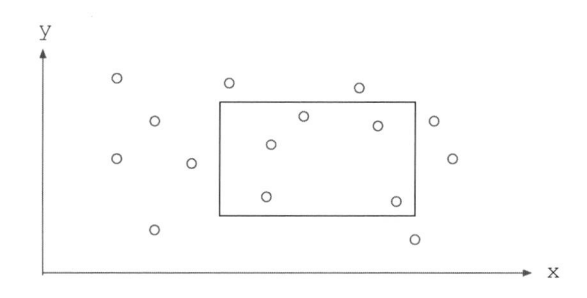

図 6.2　領域探索 (range search)

日本全国の市町村地図など) が S であるとしよう．与えられた点 q が属す領域を S の中で探索したい (図 6.3)．このような問題を**点位置決定問題** (point location problem) という．4.1 節で述べた郵便ポスト問題については, 郵便ポストのボロノイ図を構成した後, 質問点 (手紙を出す人の位置) が属するポストの領域を知るのに点位置決定のアルゴリズムが用いられる.

以下では, まず, 領域探索とその関連問題に用いられるデータ構造を紹介する. 質問領域 R としては, 長方形, 半平面, 多角形, 円などが考えられる. ここでは, R が長方形である場合のみについて述べる. 他の質問領域については, 文献 [12, 57] を参照されたい. 次に, 点位置決定問題のためのアルゴリズムとデータ構造を紹介する. この2種の問題は幾何的探索問題の代表的なものである.

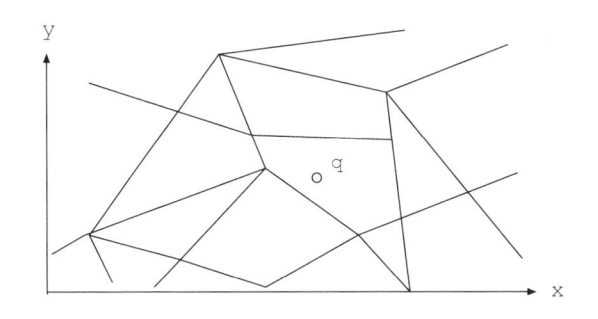

図 6.3 点位置決定 (point location)

6.2 領域探索のためのデータ構造

この節では，各種の幾何アルゴリズムにおいて使用される代表的なデータ構造について解説する．ここで紹介するデータ構造は皆，巧みなアイデアに基づいたものであり，それ自身が興味をもって学ぶことのできる題材である．また，ある種の領域探索はここで紹介するデータ構造を用いれば効率よく実行できる．

6.2.1 区分木

次のような x 軸上の 1 次元探索問題 (点包囲問題) を考える．x 軸上の区間の集合 $\{I_1, I_2, \ldots, I_n\}$ ($I_i = [s_i, t_i]$) があるとする．いま，x 軸上の点 q (質問点) が与えられたとき，q を含むすべての区間を高速に見つけ出したい．もちろん，各区間 $I_i = [s_i, t_i]$ について $s_i \leq q \leq t_i$ を調べてもよいが，それでは $O(n)$ 時間かかってしまう．区間の集合が前もって与えられていることを利用して高速化を図ろうというわけである．以下に紹介する**区分木** (segment tree) と呼ばれるデータ構造を用いると $O(\log n + k)$ 時間でこの探索が可能になる．ただし，k は質問点 q を含む区間の個数である．

以下では説明を簡単にするため，区間の両端は区間 $[1, N]$ 内の整数値をとるものとする．この区間 $[1, N]$ を次のように再帰的に分割して小さな区間の集合をつくる．まず，区間 $[1, N]$ を区間 $[1, \lfloor \frac{1+N}{2} \rfloor]$ と区間 $[\lfloor \frac{1+N}{2} \rfloor + 1, N]$ とに分割する．

以下，同様にして分割を続ける．ただし，区間の幅が0になったらそれ以上は分割しない (図6.4(a))．

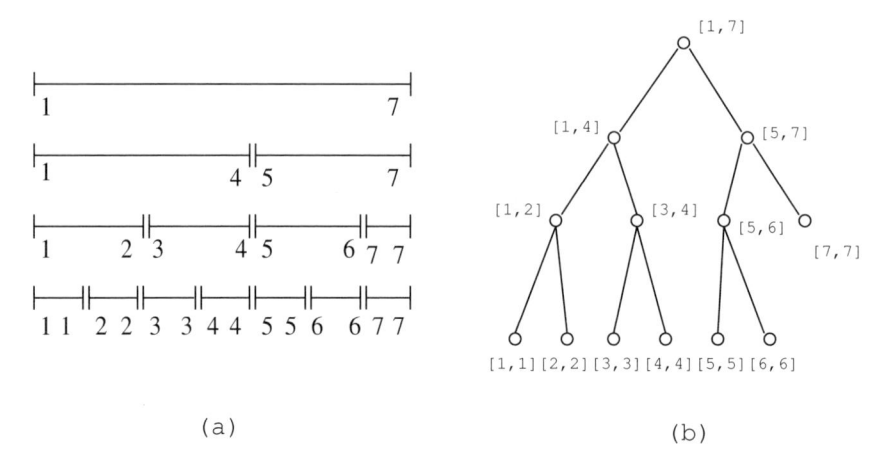

図 6.4 区間分割と区間木

このようにしてできた区間の集合から次のようにして2分木Tを構成する．2分木Tの各頂点は一つの区間に対応する．Tの根rに区間$[1, N]$を対応させる．rの左の子に区間$[1, \lfloor \frac{1+N}{2} \rfloor]$を対応させ，$r$の右の子に区間$[\lfloor \frac{1+N}{2} \rfloor + 1, N]$を対応させる．以下同様にして，分割してできた区間をTの頂点に対応させる．つまり，Tの頂点vに区間$[a, b]$が対応しているなら，vの左の子に区間$[a, \lfloor \frac{a+b}{2} \rfloor]$を対応させ，$v$の右の子に区間$[\lfloor \frac{a+b}{2} \rfloor + 1, b]$を対応させる (図6.4(b))．

TにはN個の葉があり，これらはすべて，長さ0の区間に対応している．注意すべきことは，Tの頂点の個数が$2N - 1$以下であり，この木を計算機内に格納するのに$O(N)$の領域しか使わないこと，さらに，Tの高さ(根から葉までの最長路の長さ)が$\lceil \log N \rceil$であることである．ここまでの作業が$O(N)$時間でできるのは明らかである．このようにしてできたTは区間木 (interval tree) と呼ばれる．

区間$[1, N]$に含まれる任意の区間は区間木の頂点に対応する区間を連接して表すことができる．例えば，区間$[2, 5]$は図6.4の区間木の区間を使って$[2, 2][3, 4][5, 5]$と表せる．ただし，区間と区間の連接はそれらを含む連続した一つの区間とみなすものとする．$[2, 2][3, 3][4, 4][5, 5]$という表し方もあるが，ここではできるだけ少

ない数の区間で表すものとする.さて,与えられているn個の区間$I_1, I_2, \ldots, I_n$のそれぞれを上のようにして分割して表し,区間木の各頂点ごとに,その頂点の区間が表しているI_iのリストを作成する(図6.5).具体的には次のようにTの頂点をたどりながら区間$I_i = [s_i, t_i]$を各頂点のリストに登録してゆく.まず,Tの根rをvとする.vに対応する区間$I(v)$がI_iに完全に含まれるなら,vのリストにI_iを登録して終了する.そうでないとき,vの左の子v_lに対応する区間$I(v_l)$とI_iが重なりをもてば(つまり$I(v_l) \cap I_i \neq \emptyset$ならば)$v_l$を$v$として上の操作を再帰的に繰り返す.同様に,$v$の右の子$v_r$に対応する区間$I(v_r)$と$I_i$が重なりをもてば$v_r$を$v$として再帰的に繰り返す.このようにしてできた木が区分木である.図6.5にその例を示す.

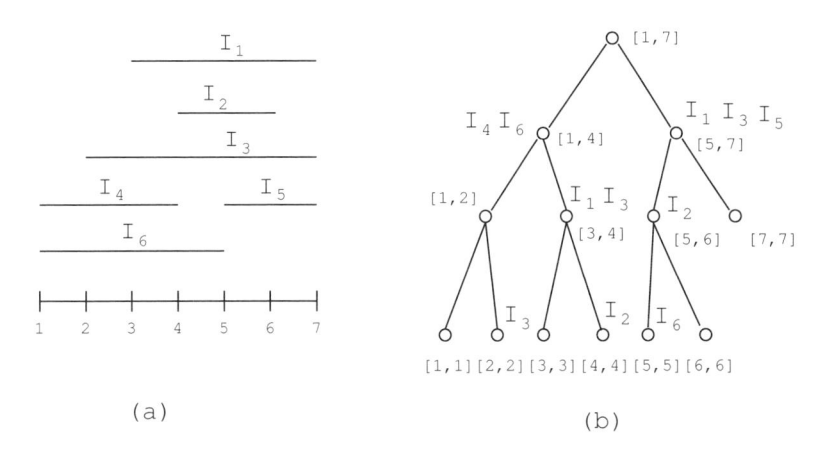

図 6.5 区分木

区間I_iは区分木の同一レベル[*1]ではたかだか2個の頂点にしか登録されないことに注意すれば,I_iが登録される頂点はたかだか$O(\log N)$個である.したがって,区分木の領域は$O(N + n \log N)$となる.構成に要する時間も$O(N + n \log N)$である.

この区分木を用いて点qを含む区間をすべて見つけるのは次のようにすればよい.区分木の根から区間$[q, q]$に至る路上の頂点に対応する区間はすべてqを含んでいるので,これらの頂点に登録されている区間I_iをすべて列挙すればよい.

[*1] 区分木の頂点のレベルとは根からの距離(深さ)のことである.

この路の長さは$O(\log N)$なので$O(\log N + k)$時間ですべての区間を列挙できることになる．ただし，kはqを含む区間の個数である．

6.2.2 領域木

次のような領域探索問題を考える．2次元平面上にn個の点の集合$\{p_1, p_2, \cdots, p_n\}$ $(p_i = (x_i, y_i))$があるとする．いま，x軸とy軸に平行な辺を持つ長方形Rが与えられたとき，Rの中に含まれている点をすべて見つけ出したい．この場合ももちろん，各p_iについて，それがRに含まれるかどうかを調べてもよいが，それでは$O(n)$時間かかってしまう．点の集合を適切なデータ構造に蓄えておき，この探索を高速に実行したい．以下では，説明の都合で各p_iと長方形の頂点のx座標とy座標はすべて区間$[1, N]$内の整数値をとるものとする．

まず，準備として1次元の場合を考える．つまり，各p_iはx軸上の点で，Rはx軸上の区間$I = [s, t]$である．この場合は点の集合をx座標でソートして配列に入れておけばよい．質問の区間$I = [s, t]$が与えられたら，sとtの配列内での位置を2分探索で調べ，その間にある点をすべて出力すればよい．なお，点の挿入や削除もサポートしたいなら，配列ではなくて平衡2分探索木を用いればよい．

さて，2次元の場合に戻ろう．まず，区間$I = [1, N]$から区間木を構成する．前項ではこの区間木に区間I_iを登録したが，ここでは点p_iを次のようにして登録する．頂点vに対応する区間$I(v)$がx_i（p_iのx座標）を含むときp_iをその頂点のリストに入れる．これはちょうど，根から区間$[x_i, x_i]$に対応する葉までの路に含まれる頂点のそれぞれにp_iを登録することである．すべてのp_iの登録が終ったら，各頂点のリストを点のy座標でソートしておく（図6.6）．このようにしてできた木は領域木(range tree)と呼ばれる．区間木の領域が$O(N)$であることと，区間木の高さが$O(\log N)$であることから，ここで構成した領域木の記憶領域は$O(N + n \log N)$である．

与えられた長方形Rに含まれる点を領域木を用いて次のように列挙する．長方形$R = \{(x, y) \mid x_1 \leq x \leq x_2, y_1 \leq y \leq y_2,\}$を$x$軸方向の区間$I_x = [x_1, x_2]$と$y$軸方向の区間$I_y = [y_1, y_2]$を用いて，$I_x \times I_y$と表す．まず，領域木に$I_x$を登録する．(実際には$I_x$を登録する頂点を見つけだすだけで，$I_x$を登録する必要はない．) I_xを登録した頂点vのすべてについて，vのリスト内の点でI_yに含まれるものを出力する．この処理は1次元の領域探索であるから先に述べたように

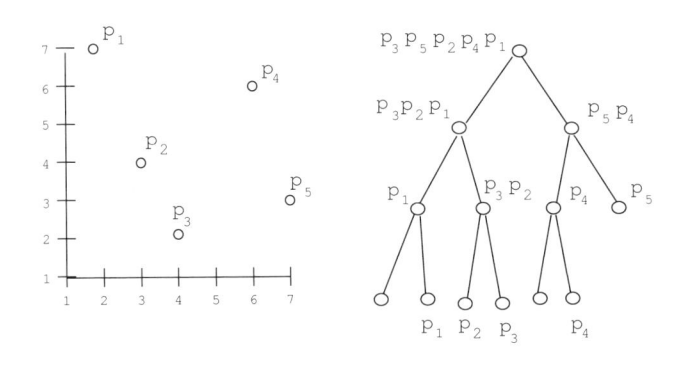

図 6.6　領域木

$O(\log n + k_v)$ で実行できる．ただし，k_v は v のリストの中に R に含まれる点の個数である．I_x を登録した頂点は $O(\log N)$ 個であったから，$N = O(n)$ ならば，R に含まれる点の列挙が $O(\log^2 n + k)$ で実行できたことになる．ただし，k は R に含まれる点の総数である．

6.2.3　ヒープ探索木

6.2.1項で学んだ区分木は，2分木(区間木)の各頂点に付随して区間名のリストをもっていた．そのため，区間木の記憶領域は $O(N)$ なのに区分木では $O(N + n \log N)$ の領域を必要とした．一般に $N = O(n)$ とできるから，区間の数 n で表せば $O(n \log n)$ である．ここで紹介するヒープ探索木 (heap search tree) では，その記憶領域が $O(n)$ に減らせて，しかも区分木のときに考えた点包囲問題を同じ時間，すなわち $O(\log n + k)$ で解くことができる．

　平面上に n 個の点 $p_1, p_2, \ldots, p_n (p_i = (x_i, y_i))$ が与えられたとする．説明の都合上，点の x 座標，y 座標は非負ですべて異なるものとする．この点集合のヒープ探索木はこれらの点を2分木の頂点に次のように配置したものである．まず，n 個の点の中で x 座標が最小の点 p_i を見つけ，2分木の根とする．次に，残りの点をほぼ同数に2分割する y 座標を見つけ，その値より小さい点の集合 S と大きい点の集合 L に分ける．あとは再帰的に S のヒープ探索木をつくり p_i の左の部分木とし，L のヒープ探索木を p_i の右の部分木とすればよい．2分木としての探索のために，点集合を2分割するのに用いた y 座標の値を p_i の頂点に登録しておく．

図6.7に例を示す.

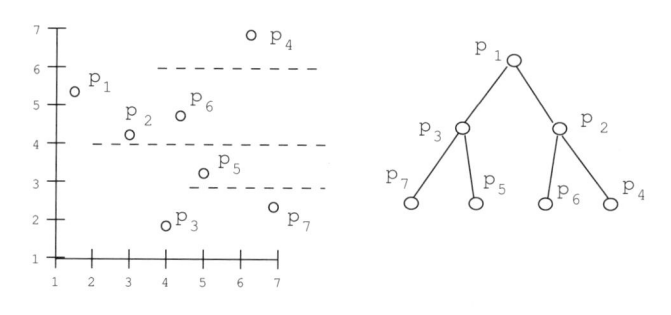

図 6.7 ヒープ探索木

このようにして構成したヒープ探索木は，その名のとおりヒープと2分探索木を兼ね備えたデータ構造である．まず，2分木はこれらのn個の点のx座標によるヒープをなす．すなわち，親の(点の) x座標は子の(点の) x座標より小さい．(したがって，x座標のもっとも小さい点が2分木の根になっている.) 次に，各頂点に登録されたy座標(2分割するための値)は2分探索木になっている．つまり，どの頂点に登録されたy座標もその左の子の値より大きく，右の子の値より小さい．

ヒープ探索木の記憶領域が$O(n)$であるのは明らかである．構成に要する時間を評価しよう．x座標最小の点とy座標の中央値はともに線形時間で求めることができるため，n個の点のヒープ探索木を構成する時間を$T(n)$とすれば$T(n) = 2T(n/2) + O(n)$の関係がある．よって，$T(n) = O(n \log n)$である．ただし，中央値を求める線形時間アルゴリズム(3.5.1項参照)は再帰的な構造をしているので毎回走らせるのはやっかいである．あらかじめ点集合をx座標とy座標でソートした配列を作っておいて利用するのが実用的である．

ヒープ探索木を用いると，一辺をy軸上に持つ長方形の領域探索が容易にできる．長方形Rの領域を$I_x = [x_1, x_2] \times I_y = [y_1, y_2]$とする．ただし，$x_1 = 0$である．頂点$v$に対応する点を$(x_v, y_v)$，登録される$y$座標の値を$y_m$とする．根を$v$として以下の手続きを実行する．$x_v$が区間$I_x$に含まれるかどうかを調べる．$x_v \notin I_x$ならば終了する．$x_v \in I_x$の場合は次のように行う．$y_v \in I_y$ならば$v$を$R$に含まれる点として出力する．さらに，$v$に登録された座標$y_m$と$I_y$の関係を

次のように調べる. $y_m \leq y_2$ で, かつ v が右の子を持つならば v の右の子を v として再帰的にこの手続きを繰り返す. または, $y_m \geq y_1$ でかつ, v が左の子を持つならば v の左の子を v として再帰的にこの手続きを繰り返す. 探索のアルゴリズムを下に示す.

ヒープ探索木に関する探索アルゴリズム

1. If $x_v > x_2$ then 探索終了.
2. $x_1 \leq x_v \leq x_2$ のとき, 次の操作を行う.
   (a) If $y_1 \leq y_v \leq y_2$ then 頂点 v に登録されるする点が領域 R に含まれるのを報告する.
   (b) If $y_m \leq y_2$ then v の右部分木で再帰的にこのアルゴリズムを繰り返す.
   (c) If $y_m \geq y_1$ then v の左部分木で再帰的にこのアルゴリズムを繰り返す.

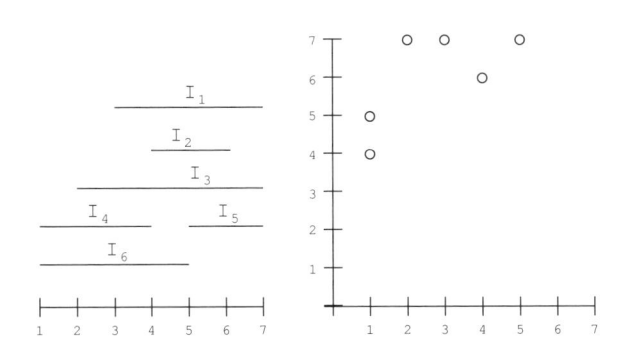

図 6.8 ヒープ探索木による区間の列挙

上の手続きの実行時間が $O(\log n + k)$ であることを示そう. この手続きの実行時間は 2 分木内で訪れる頂点の数に比例する. 訪れた頂点で (対応する点 p_i が R に含まれるとして) 出力されるものは k 個である. この手続きは出力されない点も訪れるが, その数は, x_i が区間 I_x に含まれるかどうかを調べるときに訪れるのが

たかだか $2k$ であり，また，R の左右の辺 (y 座標) で再帰的に 2 分木のレベルを降りるときに辿るのが $O(\log n)$ (木の高さ) であることから，合計でも $O(\log n + k)$ で押さえられる．なお，この手続きは長方形 R が $y_2 = \infty$ のような半無限の場合でも働くことに注意されたい．

区分木のときに考えた点包囲問題をヒープ探索木を用いて解くには次のように行えばよい．区間 $I_i = [s_i, t_i]$ を平面上の点 (s_i, t_i) とみなす．つまり，区間の集合から点の集合への写像を考える．区間 I_i が質問点 q を含むことは $s_i \leq q \leq t_i$ となることであるから，写像された平面上で，点 (s_i, t_i) が半無限の長方形領域 $I_x = [0, q] \times I_y = [q, \infty)$ に入ることと同等である．したがって，この領域に入っている点をすべて見つければよいことになる．これは上でみたようにヒープ探索木を用いて $O(\log n + k)$ 時間でできる．なお，質問点 q の代わりに，質問区間 $I = [s, t]$ が与えられたときに I と共通部分を持つ区間をすべて見つけるという問題は，区間 $I_i = [s_i, t_i]$ が区間 I と共通部分を持つことが，$s_i \leq t$ かつ $s \leq t_i$ が成立することと同等であるから，$I_x = [0, t] \times I_y = [s, \infty)$ に入る点を列挙すればよいことになる．

6.3
点位置決定問題

点位置決定問題 (point location problem) とは，あらかじめ与えられた平面分割 (平面の多角形領域への分割) に対し，質問点 q を含む多角形を (迅速に) 見つける問題である．

車の現在地 (GPS 衛星から得られる緯度と経度の情報) からもっとも近いガソリンスタンドを探すという問題は，ガソリンスタンドを母点としてボロノイ図 (平面分割) を描き，現在地を質問点として点位置決定問題を解けばよい．同様に，飛行中の航空機が現在どの国の領域を通過しているのかを知るのも地図を平面分割として，現在地の緯度と経度を質問点としたときの点位置決定問題である．その他，モニター画面上のマウスポインタの位置をプログラムに知らせるのもやはり点位置決定問題である．

平面分割は平面グラフの平面描画とみなすことができる．そのグラフの辺の本数を n とすると，$O(n)$ 時間で質問点が属す多角形を見つけられるのは明らか

である.この探索時間を $O(\log n)$ (または $O(\log^2 n)$) 時間にするためにこれまでに多くの研究があった.いずれも,平面分割に対し前処理を施しておき探索時間の効率化をはかるものである.初期のアルゴリズムである Dobkin-Lipton の方法はスラブを用いるもので単純である [30].探索時間は $O(\log n)$ にできるが記憶領域が $O(n^2)$ になってしまう.Lee-Preparata によるアルゴリズムは探索時間は $O(\log^2 n)$ であるが,記憶領域を $O(n)$ にできるもので実用的であるといわれている [68].理論的には探索時間が $O(\log n)$ でしかも記憶領域が $O(n)$ のアルゴリズムが存在することが示された[*2].しかし,当初そのようなアルゴリズムは非常に複雑でしかも探索時間のオーダー表記に隠された定数が大きく実用に耐えないものであった.その後,同じ性能でしかも実用的に使えるものがいくつか提案されている.ここで紹介する Sarnak-Tarjan によるアルゴリズム [85] はその一つである.

6.3.1　Dobkin-Lipton のスラブ法

2章において凸多角形の交差をもとめるのにスラブ法を用いた.スラブとは多角形の各頂点を通る垂直な直線で平面を分割したときの帯のことである.ここでは平面分割の頂点を通る直線によるスラブを考える(図 6.9).前処理により平面をスラブに分割してしまえば,点 q の位置探索は次のように行える.まず,q がどのスラブに入るかを決定する.これは q の x 座標がどのスラブの間に入るかを調べればよいので2分探索が使える.スラブの数は $O(n)$ であるから $O(\log n)$ 時間で実行できる.各スラブの内部に入っている線分の本数は $O(n)$ でそれらの間には上下の順序がある.したがって,q がスラブの中でどの線分の間に位置するかはスラブ内で2分探索を行えばよい.この時間は $O(\log n)$ である.よって,点位置探索が $O(\log n)$ 時間で行えることが分かった.

この方法の問題点は記憶領域が大きくなることである.スラブの個数は $O(n)$ であり,各スラブに $O(n)$ 本の線分があるため,このスラブ分割を格納するには $O(n^2)$ の記憶領域が必要となる.

[*2] 実用的には枝廣ら [31] によるバケット法も実現が簡単で実験的にはよい性能を示している.

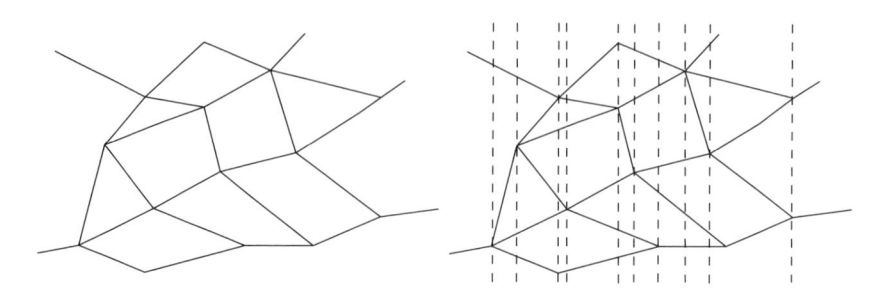

図 6.9　平面分割とスラブ分割

6.3.2　Sarnak-Tarjan の方法

前項のスラブ法は非常に単純で実用向きと思われるが，唯一の欠点は記憶領域が $O(n^2)$ になってしまうことである．それは，スラブごとにそのスラブ内の線分集合を保持しているからである．図 6.9 をみると，隣あったスラブでは保持すべき線分集合が似ていることに気付くであろう．このことは，第 2 章で用いた平面走査法 (plane sweep) の適用を示唆する．つまり，垂直線（スイープライン）を各頂点（イベントポイント）で停止しながら左から右に平行移動させる．スイープラインに付随させるデータ構造は平衡 2 分探索木である．データ構造には走査中のスラブの線分集合を上下の関係を順序として格納する．各イベントポイントではそこを端点とする線分で直前のスラブに属していたものが削除され，次のスラブに属す線分が挿入される（図 6.10）．

図 6.10 は走査線が 5 番目のイベントポイントに達するときの様子を示したものである．各スラブに対応するデータ構造 $D_0, \ldots, D_4$ の中身を図の下に示してある．データ構造の初期状態 (D_0) は線分 a と b のみからなる．最初のイベントポイントで線分 b が削除され線分 c, d, e が挿入される．以下同様に線分の削除と挿入が実行され，走査が終了したときに最後のデータ構造 D_m となって終了する．データ構造は質問点の探索を $O(\log n)$ 時間で実行するために平衡 2 分木で実現する．さて，普通の 2 分探索木ではスイープラインが現在走査しているスラブのデータしか保持しない．したがって，質問点の位置探索という目的のためには各スラブに対応する 2 分探索木 $D_0, D_1, \ldots, D_m$ をすべて保持する必要が出てくる．各 2 分探索木は $O(n)$ の記憶領域を必要とするので，すべての 2 分探索木を保持すると $O(n^2)$ の記憶領域を使ってしまう．そこで，データの挿入と削除は現在の

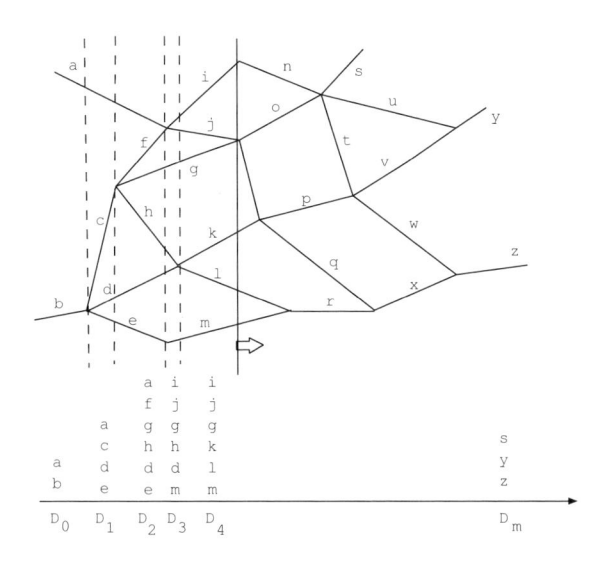

図 6.10　平面走査法

データ構造に対して実行するが，データの探索は過去のデータ構造に対しても実行できるようなデータ構造 (しかもコンパクトなもの) が欲しい．このようなデータ構造はパシステント (persistent) であるという．

つまり，パシステントなデータ構造は現在のデータ構造 D_i に対しては普通の 2 分探索木と同様に，データの挿入，削除，探索が実行でき，しかも過去のデータ構造 $D_0, D_1, \ldots, D_{i-1}$ に対してデータの探索が行えるものである (図 6.11)．パシステントなデータ構造のアイディアは文献 [25] にもある．

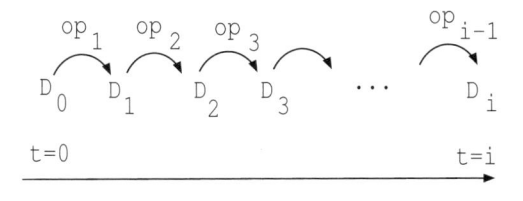

図 6.11　パシステントなデータ構造

以下では，このようなデータ構造をコンパクトに構成する方法について考える．

使用するデータ構造は2色木である(1.4.5項を参照).

6.3.3 2色木のパシステント化

まず,説明のために2色木への挿入と削除の様子を例を用いて見てみよう.ここでは,集合 $S = \{3, 8, 11, 15, 20\}$ に対するデータ構造を初期状態 D_0 とする.時刻 $t = 1$ で $insert(6)$ が実行され,$t = 2$ と $t = 3$ で $insert(5)$ と $delete(11)$ がそれぞれ実行されたとする.その様子を図6.12に示す.

先にも述べたように,各時点での $D_0, D_1, \ldots, D_i$ の全構造を保持せずに,記憶領域の節約をはかる.まず考えられるのは,データの挿入と削除を行ったときに変化するパスのみをコピーしてとっておくという方法である.

図6.13は図6.12と同じ基本操作を実行したときの2色木である.時刻 $t = 1$ で $insert(6)$ が実行され,根から挿入された葉(データ6を持つ)までの路がコピーされる.(元の親子関係はコピーされた頂点にそのまま引き継がれる.)時刻 $t = 2$ の $insert(5)$ は二重回転を引き起こし,その結果の路(データ3とデータ6を持つ二つの葉までの部分木)がコピーされる.時刻 $t = 3$ で $delete(11)$ を実行すると,黒不足の解消操作(図1.12(c))により,データ15とデータ20の頂点に対して色交換が行われる.パシステントデータ構造ではデータの挿入と削除は最新時点のデータ構造にしか行われないので,色情報は最新のものだけをとっておけばよい.つまり,過去の色情報は不要なので上書きしてよい.

このように路の複写をとっておく方式は,各時点でのデータ構造を保持するよりもずっと記憶領域が少ない.木の高さが $O(\log n)$ なので,空のデータ構造から出発して $O(n)$ 回の基本操作を実行するとき記憶領域は $O(n \log n)$ となる.データの探索(更新)に要する時間は $O(\log n)$ である.

2色木の辺は計算機上ではポインタで実現するが,頂点から出るポインタに時刻ラベルを持たすことも考えられる.各頂点は予備のポインタスロットを持ち,挿入または削除が実行されたときに,2色木の形を変形させるためにその予備のポインタスロットを用い,使用したポインタスロットに時刻ラベルを付ける.(予備のポインタスロットは左の子にも右の子にも使える.)2色木をたどるときは,正しい時刻ラベルを探りながらたどる.図6.14に図6.12と同じ基本操作を実行したときの2色木を示す.時刻3のデータ構造で $find(6)$ を実行する場合をみてみよう.まず,根のデータと6を比較すると探索が左の子に進むことが分かる.

6.3 点位置決定問題

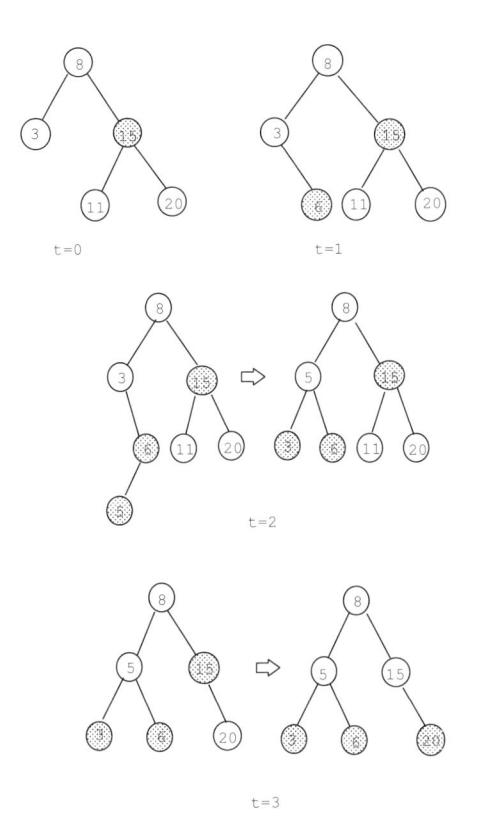

図 6.12　2色木へのデータ挿入と削除 (網かけが赤点)

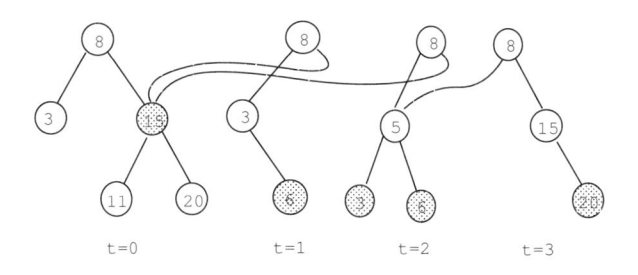

図 6.13　路の複写 (path copying)

136　第6章　幾何的探索

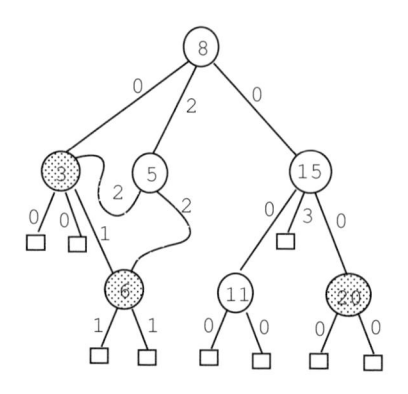

図 6.14 時刻ラベル

根の左の子を指すポインタは2個あるが，時刻3より以前で最も近い時刻のポインタ (ここでは時刻2のポインタ) をたどる．データ5の頂点でも同様にポインタをたどり，データ6が見つかる．この方法では記憶領域は$O(n)$ですむ(練習問題6-8)．空のデータ構造から出発して$O(n)$回の基本操作を行った場合，$O(n)$個のポインタスロットが使われる頂点がでてくる．そのため，データの探索(更新)に要する時間は，各頂点で正しいポインタを選択するのに2分探索を行うとしても，$O(\log^2 n)$となる．

上でみたように，路の複写を行う方式では探索時間は$O(\log n)$ですむが，記憶領域が$O(n \log n)$になってしまい，時刻ラベルを用いる方式では記憶領域は$O(n)$に抑えることができるが，探索時間が$O(\log^2 n)$になってしまう．Sarnak-Tarjanの方法はこれらの中間的なデータ構造で，巧みな解析により$O(n)$の記憶領域と$O(\log n)$の探索時間が示される．

各頂点は時刻ラベル方式と同様に予備のポインタスロットを持つ．時刻ラベル方式と違うのは，各頂点とも1個の予備スロットのみを持つことである．更新操作を実行するとき，ポインタスロットに空きがあればそのスロットを使ってポインタを設定し時刻ラベルを付ける．空きがないときには，頂点の複写(node copying)を実行する．

図6.14ではどの頂点も予備スロットを1個までしか使用していない．いま，次の時刻$t = 4$に$insert(13)$を実行するとする．データ15の頂点の左の子としてデータ13を挿入したい．データ11が時刻$t = 3$で削除されているのでデータ15

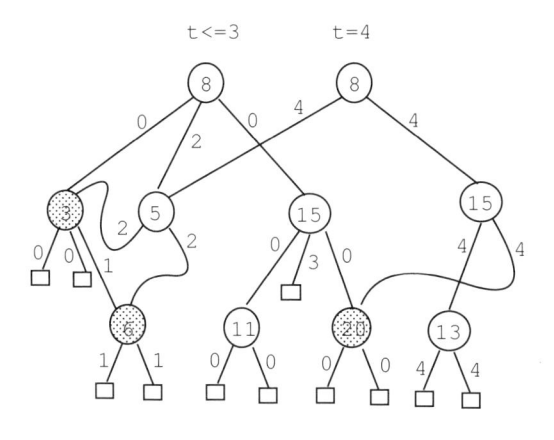

図 6.15 パシステント構造

の頂点はすでに予備スロットを使ってしまっている．(図6.14のデータ15の頂点には三つのスロットが使われることに注意してほしい．) そこで，データ15の頂点の複写をつくり，複写の頂点の子としてデータ13を挿入する(図6.15)．この複写された頂点は根の右の子なので，根からポインタを引きたいが，根もすでに予備スロットは使ってしまっている．そこで，根を複写してそこからポインタを引く．この結果，根は二つになり，それぞれに時刻ラベルが付される．このように，頂点の複写を行うと，親の複写，その親の複写と頂点の複写が木の上のほうに伝搬する場合がある．葉で生じた複写が根まで達する場合には$O(\log n)$個の新しい頂点が生じることになる．このように，一回の頂点の挿入により頂点の複写が$O(\log n)$回生じる場合があるので，$O(n)$回の更新操作を行うと$O(n \log n)$の記憶領域が使われると考えるかもしれない．しかし，$O(n)$回の更新操作全体で見ると，新規に増える頂点の数は全体で$O(n)$であることが次の"ならし計算量解析(amortized complexity analysis)"によって示せる．ならし計算量解析では，繰り返し実行される操作のコストの合計を，時間軸に沿って平均して(ならして)評価する．この例からわかるように，より小さい計算量がこの方法によって導かれることがある．

ならし計算量解析

必要とする記憶領域に対しその金額を支払うと考えて総額を計算する．データ

挿入のときの新たな頂点のために実費として$O(1)$円を支払う．$O(n)$回の更新操作(挿入または削除)ではたかだかn回のデータ挿入しかないので，このために使用する金額は合計で$O(n)$円である．次に，$O(n)$回の更新操作でコピーされた頂点の総数が$O(n)$であることを示そう．予備のポインタスロットを使うとき，1円を預金する．頂点の複写は予備スロットが占有されているときに発生することから，頂点の複写を行うときは，預金をおろして使用する．つまり，占有されていた予備スロットを使用したときに預金したお金をおろして使う．1.4.5項でみたように，1回の更新操作では回転は高々3回しか生じない．そのため，1回の更新操作で新たに使うポインタスロットは$O(1)$個であり，1回の更新操作での預金額は$O(1)$円ですむ．したがって，実費を全部合わせても$O(n)$回の更新操作で必要となる合計金額は$O(n)$円ですむ．よって，Sarnak-Tarjanの方法では$O(n)$の記憶領域しか使用しないことが示された．予備のポインタスロットの数をkとすれば記憶領域は(定数倍の範囲ではあるが) 少なくなる (練習問題 6-9)．

これまでの議論をまとめると，次の定理が得られる．

定理 6.1 n点の平面分割に対して，$O(n \log n)$時間の前処理を行えば，質問点を含む領域は，$O(n)$の領域量を用いて$O(\log n)$の時間で報告できる．

平面上の点位置決定問題のほかに，平面分割を動的に変化させる問題[19]や3次元における点位置決定問題[80, 101] に関する研究もたくさん行われている．

6.4
応用

幾何的探索問題に関するアルゴリズムの多くは地理情報処理において応用がある[58]．例えば，領域探索のアルゴリズムは指定される範囲にある目標のデータをすべて列挙するのに役に立つ．また，点位置決定アルゴリズムはデジタル地図情報システム(例えば，車のナビゲーター) に適用できる．以下では，VLSIやプリント配線板の設計でのヒープ探索木の応用を紹介する．

6.4.1 ヒープ探索木の応用

VLSIやプリント配線板で配線を行う場合，初めに各配線要求(ネット)の概略の配線経路を決め，次にそれらを縦と横のみに走る実際の配線(詳細配線)に変換するということが行われる(図6.16)．詳細配線では配線間にある定められた間隔をおかなければならず，概略配線がかならず詳細配線に変換できるとは限らない．与えられた概略配線が詳細配線に変換できるか否かを判定することを配線可能性検証という．

文献[60, 63]では，平面配線の配線可能性検証を高速に行うアルゴリズムを提案している．そこでは，平面走査法とヒープ探索木を組合せ，$O(n \log n)$時間で配線可能性検証を行っている．ただし，nは配線端子と矩形モジュールの頂点の合計数である．以下ではこのアルゴリズムについて解説する．

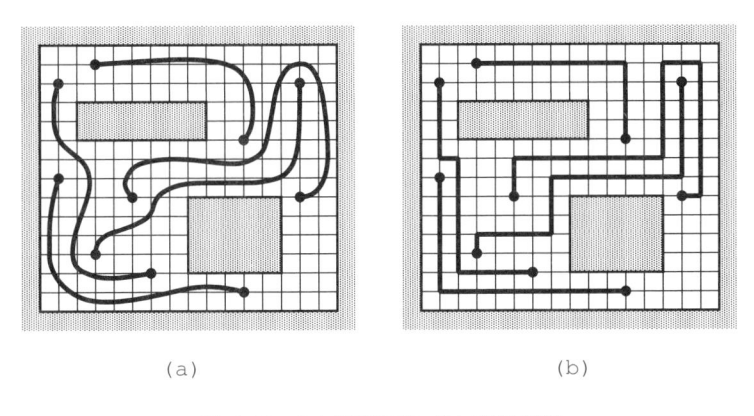

図 6.16 (a) 概略配線，(b) 詳細配線

平面配線の配線可能性検証

与えられる配線要求(ネット)は配線領域内の二つの端子点間を結ぶ2端子ネットとする．部品やVLSIチップなどが置かれ，配線が通れない場所をモジュールという．ここでは簡単のため，モジュールがない場合について説明する．(モジュールを含む場合への拡張は文献[60]を参照されたい．) 配線領域には詳細配線が埋め込まれる格子が決められている(図6.16)．

a, bを配線領域内の二つの端子点とする．線分$\overline{ab}$が他の端子点と交わらないとき，aとbは互いに可視であるという．端子点の集合をV_tとする．格子の縦と横をそれ

それぞれ一単位長とし，2点 $a = (x_a, y_a), b = (x_b, y_b)$ 間の L_∞ 距離を $||(a,b)||$ と表記する．すなわち $||(a,b)|| = \max(|x_a - x_b|, |y_a - y_b|)$ である．互いに可視な二つの端子点 $p, q (\in V_t)$ 間を結ぶ線分をカットと呼ぶ．カット (p,q) を通過することのできる配線の最大数を容量（$cap(p,q)$ と表記する）と呼び，$cap(p,q) = ||(p,q)|| - 1$ と定義する．概略配線が与えられたとき，カット (p,q) を通過している概略配線経路の本数をフローと呼び，$flow(p,q)$ と表記する．$cap(p,q) \geq flow(p,q)$ となる条件をカット (p,q) に対する容量制約という．このとき文献 [26] で次の定理が示されている．

定理 6.2 概略配線が与えられたとする．全てのカットに対して容量制約が満たされるとき，かつそのときのみ概略配線から詳細配線への変換が可能である．

可視グラフ $G_v = (V_t, E_v)$ は，互いに可視な 2 点 $(\in V_t)$ の間に辺を持つグラフである．定理 6.2 より G_v のすべての辺について容量制約が満たされるとき，そしてそのときのみ概略配線から詳細配線への変換が可能である．配線領域内の端子点が互いに可視なときには G_v は完全グラフとなり，配線可能性検証に $O(n^2)$ の時間がかかってしまう．ここで，$n = |V_t|$ である．

容量判定グラフ

配線可能性検証の高速化のために G_v の辺を次のようにして削減する．定理 6.2 によれば，配線可能性検証のためにはすべてのカットに対する容量制約のチェックが必要となるが，実際にはある特定のカットについてのみ行えばよい．例として内部に他の点が存在しない三角形 $\triangle_{abc}$ を考える．カット (a,b) の容量がカット (a,c) と (b,c) の容量の和より大きいとき，(a,c) と (b,c) から三角形内に入る配線がすべて (a,b) から出ていく場合でも容量違反は起こらない．すなわち (a,c) と (b,c) について容量制約が満たされるなら，(a,b) についての容量制約のチェックは冗長である．G_v から冗長なカットを取り除いたグラフとして容量判定グラフを定義する．このことを詳しく述べよう．

a と b を配線領域内の二つの端子点とする．a または b を通る傾きが 45° および $-45°$ の 4 本の直線によって作られる長方形を，a と b により作られる四角形と呼び，$rect(a,b)$ と表記する．

補題 6.1 $(a,b) \in E_v$ とする．$rect(a,b)$ の内部に a と b から可視な点 $c (\in V_t)$

が存在し，$\triangle_{abc}$ 内には他の点 $(\in V_t)$ が存在しないとする．このとき，辺 (a,c) と辺 (b,c) について容量制約が満たされているならば，辺 (a,b) についても容量制約は満たされる．

[証明] c は $rect(a,b)$ の内部に存在するため $||(a,b)|| = ||(a,c)|| + ||(b,c)||$ である．よって $cap(a,b) = cap(a,c) + cap(b,c) + 1$ が成り立つ．辺 (a,b) を通過するフローは，辺 (a,c) および辺 (b,c) を通過する配線と，点 c から発生するたかだか一本の配線がすべて (a,b) を通過するとき最大となり，$flow(a,b) \leq flow(a,c) + flow(b,c) + 1$ である．よって $cap(a,b) = cap(a,c) + cap(b,c) + 1 \geq flow(a,c) + flow(b,c) + 1 \geq flow(a,b)$ となり，辺 (a,b) についても容量制約がみたされる．□

容量判定グラフ $G_c = (V_t, E_c)$ は可視グラフ $G_v = (V_t, E_v)$ の部分グラフで，辺集合 E_c を次のように定める．$a, b \in V_t$ のとき，$rect(a,b)$ 内に a と b から可視な他の点 $c(\in V_t)$ が存在しないとき，そしてそのときだけ $(a,b) \in E_c$ である．図 6.17 に容量判定グラフの例を示す．次の定理が成り立つ．

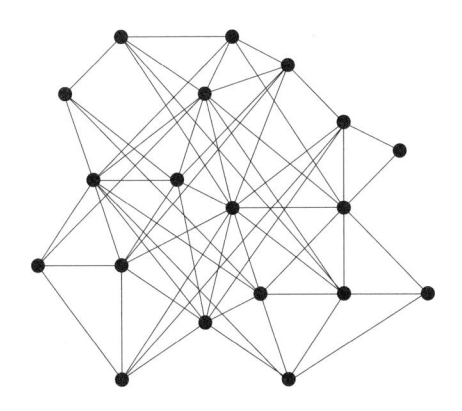

図 6.17 容量判定グラフの例

定理 6.3 概略配線が与えられたとき，G_c の全ての辺 (a,b) について $cap(a,b) \geq flow(a,b)$ ならば，G_v の任意の辺 (p,q) についても $cap(p,q) \geq flow(p,q)$ である．

よって，容量判定グラフの辺についてのみ容量制約をチェックすれば，配線可能性検証が行えることが分かる．配線領域内に端子点がランダムに配置される場合，容量判定グラフの辺の本数が$O(n \log n)$になることが知られている [63]．以下で，スイープ法とヒープ探索木を用いて容量判定グラフ$G_c = (V_t, E_c)$を作成する効率の良いアルゴリズムを与える．

容量判定グラフの作成

$a(\in V_t)$を配線領域内の点とする．aを通る傾き$-45°$の直線lを引き，その直線と配線領域の外周との交点をa', a''とする．線分$\overline{a'a''}$の右の配線領域をaの到達領域とよび，$reach(a)$と表記する．$reach(a)$の内部で，aを通る傾き$45°$の直線の上(下)の領域をaの上(右)の領域と呼ぶ．以下の条件を満たす木をaの到達木とよび，T_aと表記する．T_aはaを根とし，$reach(a)$内の全ての端子点をT_aの頂点として持つ．親はたかだか二つの子を持ち，その一方は上の子供とよばれ，もう一方は右の子供とよばれる．上の子供は親の上の領域にあり，その子孫たちもすべて親の上の領域にある．右の子供は親の右の領域にあり，その子孫たちもすべて親の右の領域にある (図6.18)．つまり，T_aはx軸を$45°$傾けたときのヒープ探索木である．このとき，次の補題が成り立つ．

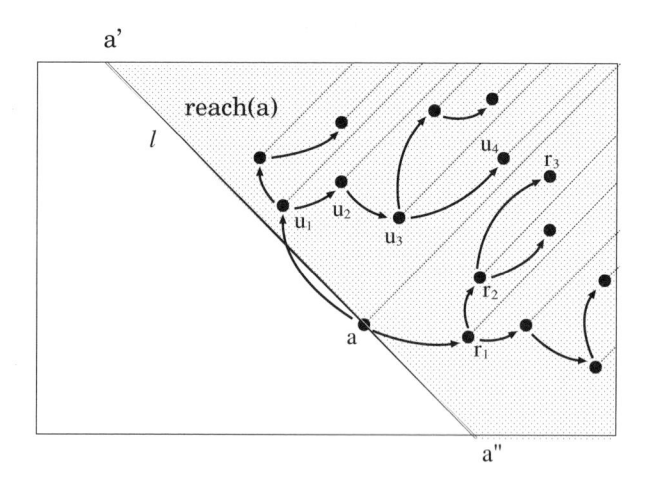

図 6.18　到達木 T_a

補題 6.2 T_a を a の到達木とする．a の上の子供を u_1，右の子供を r_1 とする．任意の i, j について r_i の上の子供を r_{i+1} とし，u_j の右の子供を u_{j+1} とする．このときすべての (a, r_i)，(a, u_j) は G_c の辺である．また，r_i，u_i 以外の T_a の点 p について，(a, p) は G_c の辺ではない．

よって，a から上および右方向に伸びる容量判定グラフの辺を発見するためには，到達木 T_a の探索を行えばよいことがわかる．探索に必要な時間は容量判定グラフに含まれる辺の数に比例する．

次に，到達木 T_a を作るアルゴリズムを紹介する．a を配線領域内の端子点とし，T_a が既に作られているとする．a を通る直線 l を左に並行移動して最初にぶつかる端子点を b とする．このとき T_a を修正して T_b を作成することができ，その作成時間は b から上または右方向に伸びる G_c の辺の数に比例する．

$reach(a)$ は $reach(b)$ に含まれるため，T_b の節点は T_a の点に b を加えたものである．a が b の右の領域にあるとする．このとき a を r_1 と名付ける．T_a の中で，r_1 から上へ上へと子孫を辿っていき，そのとき発見した点を $r_2, r_3, ...$ とする．はじめて b の上の領域にある点に到達したとき，その点を u_1 とする．点 u_1 から右へ右へと子孫を辿っていき，発見した点を $u_2, u_3...$ とする．これ以降，到達した点が b の右の領域に存在するとき，その点を r_i (i は 1 ずつ増加していく) とし，そこから上の子供を辿る．到達した点が b の上の領域に存在するとき，その点を u_j (j は 1 づつ増加していく) とし，そこから右の子供を辿る．この操作を現在見ている頂点の子供がなくなるまで続ける (図 6.19)．明らかに，T_b の作成に必要な時間は，T_a の探索中に発見した点 ($r_1, r_2, ..., u_1, u_2, ...$) の数に比例する．

配線領域内の各頂点 a に対し T_a を作成するために，スイープ法を用いる．配線領域に傾き $-45°$ のスイープラインを引き，右上方向から左下方向に走査する．イベントポイントは V_t の点である．イベントポイント a に達したとき，それまでに既に作成されている到達木を基に T_a を作成する．そして T_a の内部で探索を行い，a から上または右の領域に伸びる容量判定グラフの辺を出力する．

全てのイベントポイントを通過したときアルゴリズムは終了する．片方の端点から上または右方向に伸びる辺は，もう片方の端点からは下または左方向に伸びる辺になっている．よってアルゴリズムの終了時には，求めたい全ての辺が出力されている．

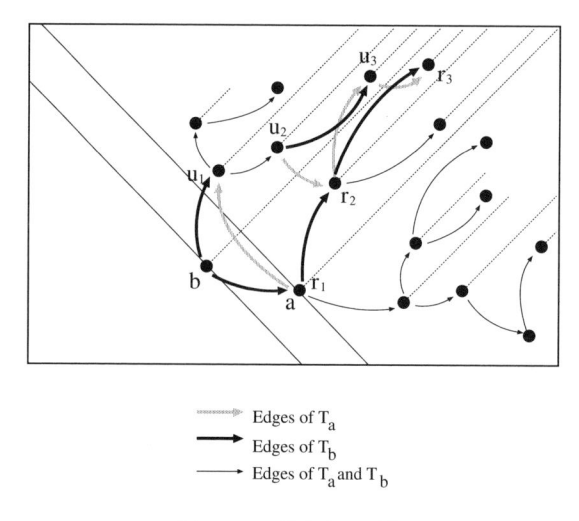

Edges of T_a
Edges of T_b
Edges of T_a and T_b

図 6.19 到達木の更新

必要な実行時間について述べる．まずV_tの点をソートするのに$O(|V_t|\log|V_t|)$時間が必要である．スイープラインが全てのイベントポイントを通過するまでの時間は各T_aの探索時間の合計であるが，これは出力した辺の本数に比例し，$O(|E_c|)$である．したがって実行時間の合計は$O(n\log n + m)$となる．ただし，$n = V_t, m = E_c$である．先に述べたように，端子点がランダムに配置されているときは$m = O(n\log n)$であり，このアルゴリズムは$O(n\log n)$時間で容量判定グラフを出力することができる．

6.5

練習問題 6

1. 図6.5の区分木に$I_7 = [2, 5]$を挿入せよ．
2. 区間I_iは区分木の同一レベルではたかだか2個の頂点にしか登録されないことを示せ．
3. 区分木に区間を挿入したり，削除したりするアルゴリズムを与えよ．領域木に関する点の挿入と削除についても同様にせよ．(ただし，木構造の平衡性を考えなくてもよい．)

4. 与えられた質問点を含む区間の数を報告するためには，区分木をどう変えればよいだろうか．領域木についても同様に考えよ．
5. 平面上に互いに交差しない n 本の線分がある．与えられた質問点 p を通る鉛直線が p より下で最初に交差する線分を報告する $O(\log^2 n)$ 時間のアルゴリズムを与えよ．(ヒント：区分木と2分探索木を組合せた2層のデータ構造を利用する．)
6. 平面上に n 本の線分がある．質問長方形に完全に含まれる線分をすべて報告する $O(\log^2 n + k)$ 時間のアルゴリズムを与えよ．ただし，k は報告された線分の数である．(ヒント：領域木でできた2層のデータ構造を利用する．)
7. 平面上に多角形の集合がある場合，6.と同じ質問に6.のアルゴリズムを適用することができるか．できる場合もできない場合も理由を述べよ．
8. 時刻ラベルを用いる方法では記憶領域が $O(n)$ ですむことを示せ．
9. Sarnak-Tarjan の方法で，ポインタスロットの数を $k(>1)$ とするとき，ならし計算量の解析方法や記憶領域はどう変わるか．

第7章

警備問題

空間内に障害物があるとき，空間内の2点が互いに見えるというのは，2点を結ぶ直線線分がどの障害物とも交わらないことである．このような問題はコンピュータグラフィクスやロボティクスなどの分野でよく生じる．第2章で述べた隠面除去問題はその一つの例である．本章では，多角形内における警備(あるいは可視性)問題について論じる．美術館問題はそのような問題としてよく知られている．美術館問題およびこの問題の種々の変形版に関する研究論文は数百篇にものぼり，計算幾何学の中の重要な一角を占めている．1987年にはそれまでの美術館問題に関する研究結果を集成した本も出版された[82]．

本章ではまず，美術館問題に関する基本的な定理，アルゴリズム及び関連する最新の結果について解説する．次に可視性と最短路を両方考慮した警備員巡回路問題とその解法について述べる．これらの問題を解くには，単純多角形の三角形分割と多角形内の2点間の最短路が用いられるので，それらのアルゴリズムも紹介する．

7.1
美術館問題

美術館問題 (art gallery problem) とは，与えられた多角形 P 内に最小個数の点の集合 G を選び，P 内のどの点も G の少なくとも一つの点から見えるようにする問題である．P 内の二つの点が互いに見える (visible) というのは，それらの点を結ぶ線分の全体が P 内にあるということである．多角形 P を，壁に絵を展示している美術館の平面図と見なし，G を警備員 (guard) が配置される位置の

集合と考えてこのような名前が付けられた．ただし，警備員はそれぞれの設置された場所に固定されているが，警備員の視線を遮る壁がない限り，その位置を中心として全周囲 (2π) の視界を持つとする．Lee と Lin は美術館問題が NP 困難であることを示した [67]．しかし，Chvátal は n 頂点の単純多角形に対し $\lfloor n/3 \rfloor$ 人の警備員が必要十分であることを示した [23]．Chvátal の結果は**美術館定理** (art gallery theorem) の名で知られている．その後，この問題の様々な変形版について美術館定理に相当する定理やアルゴリズムを求める研究がされている．美術館問題は数学的な興味からもおもしろい問題であるが，多角形の可視性や分解などの問題に深く関わっており実用上でも重要な問題である．

7.1.1 美術館定理

美術館問題は Klee と Chvátal の会話から生まれたといわれている．最初に議論されたのは，任意の n 頂点の多角形 P に対して P の内部すべてを監視するために必要な警備員の最小数 $g(n)$ はいくつかというものであった．Chvátal は直ちに $g(n) \leq \lfloor n/3 \rfloor$ であることを示した．さらに，この等式が成立する多角形 (図 7.1) も示した．この意味で，Chvátal の結果は最良であるといえる．

定理 7.1 (美術館定理) n 頂点の単純多角形 P の内部を監視するため，$\lfloor n/3 \rfloor$ 人の警備員は必要十分である．

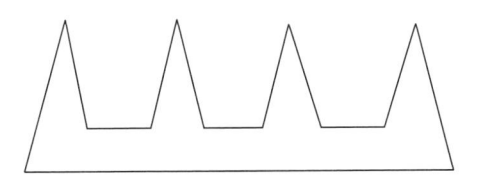

図 7.1 $\lfloor n/3 \rfloor$ の警備員が必要な例である

図 7.1 は $n = 12$ のとき，最小 4 人の警備員が必要な例 ("鋸"図形) である．鋸の刃を一つずつ増やして得られる図形の系列は少なくとも $\lfloor n/3 \rfloor$ 人の警備員が必要な図形になることに注意せよ．

美術館定理の十分性に関する Chvátal の証明は帰納法に基づいている．その証明はいくつかの場合分けを用い，幾分込み入ったものであった．その後，Fisk は

簡明な別証明を与えた [38]．Fiskの証明を述べる前に，その証明に必要な補題を示そう．

まず，いくつかの定義を与えよう．多角形Pの頂点が**反射的** (reflex) であるというのはその頂点の内部角度がπより大きいときである．反射的でないとき，vは**凸頂点** (convex vertex) であるという．ちなみに，$n(n \geq 3)$頂点の単純多角形は少なくとも三つの凸頂点を持つ．**対角線** (diagonal) とは，隣接しない2頂点a, bを結ぶ線分$\overline{ab}$で，多角形の内部に存在してその境界線とちょうどaとbだけで交わるものである．例えば，図7.2の多角形において，線分$\overline{bx}$は対角線であるが，線分$\overline{ac}$は対角線ではない．

補題 7.1 n頂点の単純多角形は，内部に$n-3$本の対角線を引くことにより，$n-2$個の三角形に分割できる．

[証明] 証明はnに関する帰納法による．$n=3$のとき補題は自明なので，$n \geq 4$個の頂点からなる多角形Pについて考える．まずPの凸頂点の一つをbとする．そして，bと隣接する2頂点をそれぞれa, cとする (図7.2を参照)．

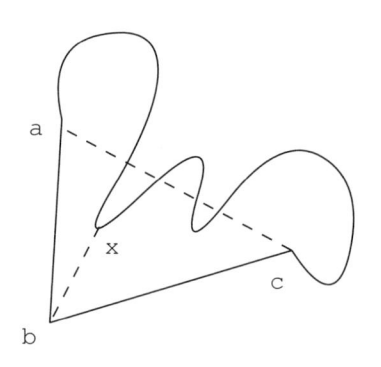

図 7.2 補題7.1の説明図

ここで，線分$\overline{ac}$がPの境界線と交わらないならば，線分$\overline{ac}$を対角線Dとする．もし交わるならば，三角形$\triangle_{abc}$の内部にはPの頂点が少なくとも一つ存在する．それらの頂点のうち，線分$\overline{bx}$が多角形と交わらない頂点xを選び，線分$\overline{bx}$を対角線Dとする．

どちらの場合にも多角形 P は, 対角線 D によって二つのより小さい多角形 P_1, P_2 に分割される. ここで P_1, P_2 の頂点の個数をそれぞれ n_1, n_2 とする. 対角線 D の両端点は P_1, P_2 の両方に含まれるので, $n_1 + n_2 = n + 2$ となる. $3 \leq n_i < n$ $(i = 1, 2)$ であることから, 帰納法の仮定により多角形 P_i は, $n_i - 3$ 本の対角線を引くことにより $n_i - 2$ 個の三角形に分割される. 議論をまとめると, n 頂点の多角形 P は $(n_1 - 3) + (n_2 - 3) + 1 = n - 3$ 本の対角線を引くことにより, $(n_1 - 2) + (n_2 - 2) = n - 2$ 個の三角形に分割できる. □

補題 7.1 で得られる図形を多角形の**三角形分割** (triangulation) と呼び, その操作を多角形の三角形化という.

補題 7.2 単純多角形の三角形分割に対して, 各三角形を点に書き換え, 対角線を共有する三角形に対応する二つの点を枝で結んでできる双対グラフは木であり, 各点の次数が最大 3 である.

[証明] 各点の次数が最大 3 であることは, 一つの三角形が最大 3 本の対角線を持つことによる. 双対グラフが木でないと仮定する. そのグラフにサイクル (閉路) があるとき, このサイクルは多角形の一つ以上の頂点を囲むことになるので, 多角形の内部に穴が生じる. これは単純多角形の定義と矛盾する. 双対グラフが非連結のときも同様に単純多角形の定義と矛盾する. よって, 題意が証明された. □

双対グラフの葉 (次数 1 の点) に対応する三角形の 3 頂点 a, b, c が多角形の境界線にこの順で現れる場合, 線分 $\overline{ac}$ は多角形の対角線となっている. 三角形 $\triangle_{abc}$ は多角形の**耳** (ear) と呼ばれる (このとき, b は凸である). 図 7.3 に三角形分割と双対グラフの例を示す.

補題 7.3 $n \geq 4$ 頂点からなる単純多角形には少なくとも二つの異なる耳がある.

[証明] 補題 7.1 により, 双対グラフの点数は $n - 2 (\geq 2)$ である. 2 点以上を持つ木には少なくとも二つの葉がある. □

補題 7.4 単純多角形 P の三角形分割に対して, 隣り合う (線分で結ばれた) どの 2 頂点も異なる色で塗るには 3 色で十分である.

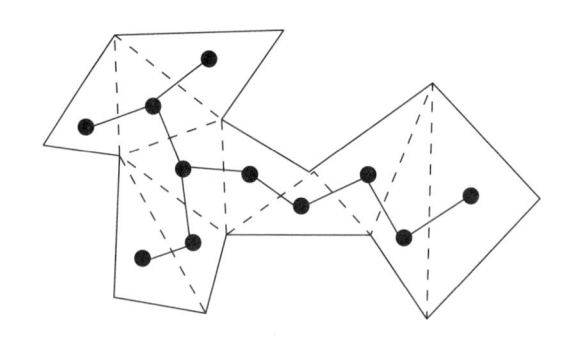

図 7.3　三角形分割と双対グラフ

[証明] 証明は P の頂点数 n に関する帰納法による．$n = 3$ のとき補題は自明である．$n \geq 4$ 個の頂点からなる多角形 P について考える．補題7.3により，P には一つの耳 $\triangle_{abc}$ がある．P から耳 $\triangle_{abc}$ を取り除くことによって得られた多角形 P' は $n-1$ 個の頂点を持つ．帰納法の仮定から，P' の三角形分割は3色で色分けできる．取り除かれた耳の二つの頂点，例えば，a と c が P' に含まれるので，a と c には3色のうち2色が塗られている．頂点 b に残る1色を塗ることにより，P の三角形分割は3色で色分けできる．□

それでは，定理7.1の十分性を証明しよう．

[定理7.1の十分性の証明] 補題7.1により，与えられた n 頂点の多角形 P を三角形に分割する．次に補題7.4により，P の三角形分割は3色 c_1, c_2, c_3 で色分けできる．このとき，最も使われていない色，例えば，c_1 を持つ頂点は高々 $\lfloor n/3 \rfloor$ 個しかない．さもなければ，P に n 個より多くの頂点があることになり，矛盾する．どの三角形も3色すべてを持つので，各三角形が色 c_1 の頂点を含む．したがって，警備員を最も使われていない色の頂点に置けば，P の内部を全部見渡せる．よって，定理7.1の十分性が証明された．□

上の証明では，すべての警備員が多角形の頂点に配置されることに注意してほしい．

水平な辺と垂直な辺のみを持つ多角形は**直交多角形** (orthogonal polygon) と呼ばれる．単純な直交多角形の場合，$\lfloor n/4 \rfloor$ 人の警備員が必要十分であることを Kahn, Klawe と Kleitman が証明している [61]．Kahn らの証明は Fisk の方法と

よく似ている．まず，直交多角形を凸四角形に分割し，それから四角形化されたグラフを4色で塗り分ける．最後は，4色のうち最も少なく使われている色の頂点に警備員を置く．この研究により，任意の直交多角形に必ず凸四角形分割があることが示された．

7.1.2 単純多角形の三角形への分割

多角形の三角形分割は多くの幾何問題を解くのに重要な役割を果たしてきた．前項で紹介した美術館問題や警備員巡回路問題 (7.2節) などの例が挙げられる．一方，ロボットの最適経路計画，VLSIのレイアウト設計，画像処理，コンピュータグラフィックスなど様々な応用分野においても多角形を三角形や台形などの基本図形へ分解することが自然な要求としてある．

この項では，単純多角形を三角形に分割するアルゴリズムについて述べる．三角形分割は計算幾何学における最古の問題の一つであり，これまでに実に多くのアルゴリズムが提案されている．1978年，Gareyらは$O(n \log n)$時間のアルゴリズムを提案した [44]．その後，$O(n \log n)$ 時間の三角形分割のアルゴリズムが最適であるかどうかは計算幾何学において有名な問題となった．特殊なケースにおいては，$O(n \log n)$ より効率のいいアルゴリズムが多数提案されたが，$n \log n$の壁を破るには至らなかった．およそ10年後，Tarjanとvan Wykは$O(n \log \log n)$のアルゴリズムの開発に成功した [104]．これを機に多角形を三角形に分割する線形時間のアルゴリズムが遂に開発されることになる．1991年，Chazelleは$O(n)$時間のアルゴリズムを提案し，十数年にわたって追求されてきた問題に決着をつけた [16]．しかし，Chazelleのアルゴリズムはあまりも複雑すぎるので，ここでは詳しく紹介することができない．以下ではまず，**単調な多角形** (monotone polygon) を線形時間で三角形分割するGareyらのアルゴリズムを述べる．次に，一般の単純多角形を線形時間で三角形分割するための重要なアイディアを簡単に解説する．

多角形の単調性は一本の直線に関して定義される．まず，多角形のチェーン (多角形の境界上で連続する頂点の系列) の単調性を定義する．多角形のチェーンCが直線Lに関して単調であるとは，Lに垂直な直線はどれもチェーンCとちょうど1点で交わるということである．すなわち，Cの頂点をLに垂直に射影すれば，L上に射影された頂点の順番はC上の頂点の順番と全く同じである．多角形

P が単純で，その境界が直線 L に関して単調な二つのチェーンに分けられるとき，P は L に関して単調であるという．単調な多角形の例を図 7.4 に示す．数字は L に射影したときの頂点の順番を示している．

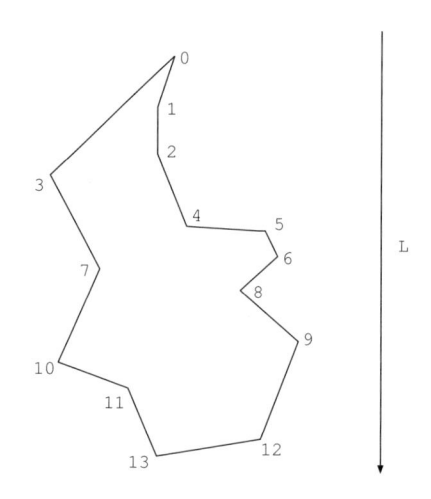

図 7.4 単調な多角形の例

以下，直線 L は y 軸で，P のどの2頂点も同じ y 座標を持たないと仮定する．(いつものように，この仮定は本質的なものではなく，単に議論を簡単にするためだけである．) 単調な多角形 P を三角形分割する基本アイディアは非常に簡単である．まず上から下に (線形時間で) 頂点を y 座標でソートする．アルゴリズムは平面走査法を用いる．水平な走査線を上から下に移動しながら三角形を見つける毎に，その三角形を切り取る．三角形を作ることができなくて残っている頂点 (アルゴリズムが終らない限り，少なくとも二つある) を一つのチェーン C に保存する．C の一番上と一番下の頂点を除き他の頂点は必ず反射頂点である．(さもなければ，C の中には必ず三角形となる三つの頂点が存在する．) 走査線を移動するとき，次に来る頂点を v_i とする．頂点 v_i が C の一番下の頂点と異る側のチェーンにあるとき (図 7.5(a))，または v_i が C の一番下の頂点 v^+ と隣接し，v^+ が凸頂点であるとき (図 7.5(b))，v_i から見える C の連続した頂点が少なくとも二つある．そのうち v_i から対角線を引いてできる三角形の最初のものを多角形 P から削除する．この操作を，削除できる三角形がなくなるまで繰り返す．頂点 v_i が C

の一番下の頂点 v^+ と隣接し，v^+ が反射頂点であるとき (図 7.5(c))，v_i から見える C の頂点は v^+ しかない．この場合は v_i を C に加える．単調な多角形を三角形化するアルゴリズムを下に示す．

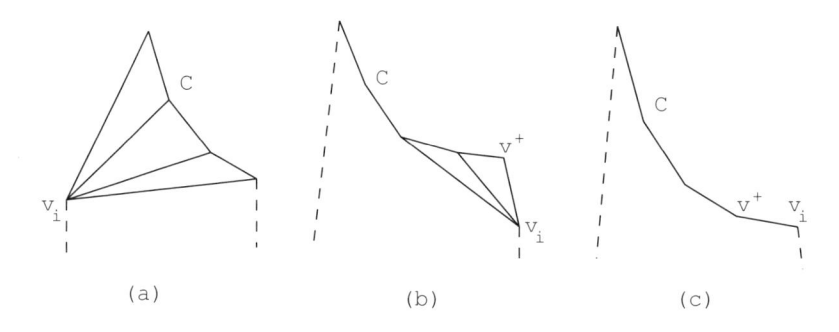

図 7.5　単調な多角形を三角形に分割する三つのケース

単調な多角形を三角形に分割するアルゴリズム

---

1. y 座標で多角形の頂点をソートし，その系列を $v_1, v_2, \ldots, v_n$ とする．
2. v_1, v_2 をチェーン C に入れ，変数 i の初期値を 3 とする．
3. **While** v_i が最も下の頂点ではない **do**

    If v_i が C の一番下の頂点と異なるチェーンにある (図 7.5(a)) **then**

    (a) v_i からチェーン C の上から 2 番目の頂点へ対角線を引き，C の一番上の頂点を削除する．

    (b) **If** C が一つの頂点しか持たない **then** v_i を C に加え，変数 i の値を 1 増やす ($i \leftarrow i+1$)．

    else if C の一番下の頂点 v^+ が凸である (図 7.5(b)) **then**

    (a) v_i からチェーン C の下から 2 番目の頂点へ対角線を引き，C の一番下の頂点を削除する．

    (b) **If** C が一つの頂点しか持たない **then** v_i を C に加え，変数 i の値を 1 増やす．

    else v_i を C に加え，変数 i の値を 1 増やす (図 7.5(c))．

上のアルゴリズムにより図 7.4 の単調な多角形を三角形に分割した例を図 7.6 に示す．

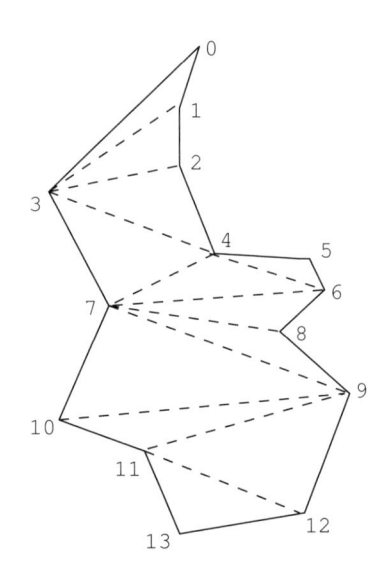

図 7.6 単調な多角形 (図 7.4) の三角形分割

補題 7.5 n 頂点の単調な多角形 P を線形時間で三角形分割することができる．

[証明] P が単調な多角形であるため，上のアルゴリズムのステップ 1 は線形の時間しかかからない．チェーン C を**双方向リスト** (doubly linked list) を用いて実現すれば，ステップ 3 は各頂点 v に対して $O(1)$ 時間で処理することができる．したがって，アルゴリズムの全体の計算時間は $O(n)$ である．□

単調な多角形を線形時間で三角形分割することができたからには，任意の多角形 P を単調な多角形へ分割する高速なアルゴリズムの開発が次の研究課題となる．このため，まず P を台形 (trapezoid) へ分割する．多角形 P の**水平な台形分割** (horizontal trapezoidalization) は P の各頂点を通して水平な直線を引くことによって得られる．多角形を台形へ分割する一つの例を図 7.7 に示す．明らかに，P の水平な台形分割に使われる線分は対角線に限らない．台形分割から単調な多

角形を以下のように構成する．一般に，一つの台形の境界線には P の頂点が二つある．もしそのうちの一つが台形の辺の途中にあるならば，それらの頂点を対角線で結ぶ．この対角線は P を y 軸に単調な多角形に分割する．図 7.7 ではこれらの対角線が点線で表されている．明らかに，水平な台形分割から単調な多角形への変換は線形時間でできる．任意の多角形を水平な台形へ分割するのは平面走査法を用いて得ることができるが，そのアルゴリズムは $O(n \log n)$ の時間を要する．線形時間のアルゴリズムが可能かどうかという問題は長い間未解決だった．

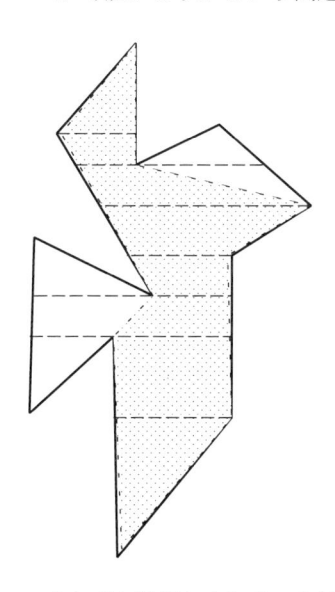

図 7.7　多角形を単調な多角形に分割する

1991 年，Chazelle は任意の多角形を水平な台形へ分割する線形時間のアルゴリズムを開発した．彼の論文はあまりにも長いため，ここではアルゴリズムのキーとなるアイディアだけを解説する．Chazelle のアルゴリズムは分割統治法 (divide-and-conquer) に基づく．まず，n 頂点の多角形 P を二つの $n/2$ 頂点を持つチェーンに分解する．それから，各チェーンをさらに $n/4$ 頂点を持つチェーンに分け，このようにチェーンの分解を続けていく．各チェーンに対し，**可視マップ** (visibility map) と呼ばれる幾何構造を求める．可視マップは多角形の台形分割の概念を一般化し，多角形チェーンの各頂点を通して水平な直線を引くこと

によって得られるものである．各チェーンの可視マップはその子チェーンの可視マップをマージすることによって得られる．マージステップが線形時間を要するので，単純な分割統治型のアルゴリズムの時間複雑さは $O(n \log n)$ となる．$n \log n$ の壁を崩すため，Chazelle のアルゴリズムのマージステップでは全体の可視マップを一気に求めるのではなく，重要な可視マップだけ求める．それにより，すべてのマージステップにかかる計算時間の総和を $O(n)$ に減らすことに成功した．最後に，求めた部分的な可視マップから徐々に全体の可視マップを見つけていく．それも線形時間で行える．今までの議論をまとめて，次の定理を得る．

定理 7.2 n 頂点の任意の多角形を $O(n)$ 時間で三角形化することができる．

Chazelle のアルゴリズムは 13 年にわたって未解決だった問題を解いたが，多角形を三角形化する，簡単かつ高速なアルゴリズムの研究はまだ続いている．

7.1.3 美術館問題の変種

この項では，美術館問題のいくつかの変種を紹介する．美術館問題は多角形の内部を監視する問題である．それを多角形の外部を監視する問題に拡張するのは自然なことである．**要塞問題**(fortress problem) は，外から攻めてくる敵を見張る必要がある要塞をモデル化して得られた可視性に関する問題，すなわち n 頂点の多角形の外部を警備する問題である．次の定理は警備員を配置する場所が多角形の頂点に制限される場合の要塞問題に関するものである．

定理 7.3 n 頂点の多角形 P の外部を監視するため，$\lceil n/2 \rceil$ 人の警備員が必要十分である．

[証明] まず，多角形 P が凸であるときは $\lceil n/2 \rceil$ 人の警備員が必要であることがすぐわかる．つまり，一つおきの頂点に一人の警備員が要る．

次にどんな多角形 P に対しても警備員の数は $\lceil n/2 \rceil$ 人で十分であることを示す．このため，まず P の凸包を求め，その凸包の内部でかつ P の外部である領域を三角形化する．これで得られるグラフを G とする (図 7.8(a) 参照)．G に 1 点 v_∞ を凸包の外部に加え，凸包の境界上のすべての頂点を v_∞ と隣接させる．これで得られた $n+1$ 個の点のグラフを G' とする (図 7.8(b) 参照)．明らかに，これら

の三角形 (の内部) をすべて監視することは P の外部を監視することと全く同じである. しかし, G' には補題 7.4 を適用できない. なぜなら, G' の双対グラフにはサイクルがあり, 単純多角形の三角形分割ではない. このため, 凸包上にある点 x を選び, それを平面性を保ったまま二つの点 x', x'' に分割する. この操作によって v_∞ と x', x'' を新しい辺を付加して隣接させる. これで得られた $n+2$ 個の点のグラフを G'' とする (図 7.8(c) 参照).

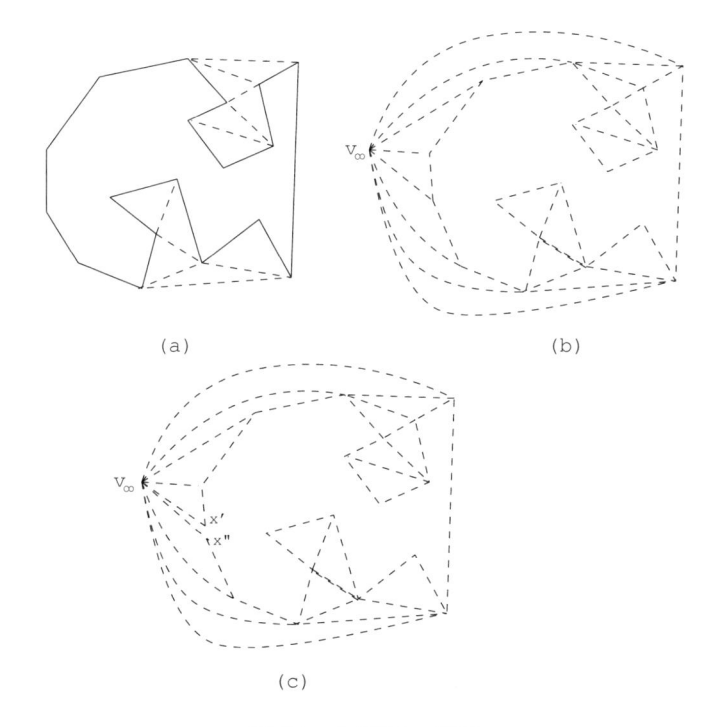

図 7.8 定理 7.3 の説明

グラフ G'' は単純多角形の三角形分割と見なすことができるので, 線分で結ばれた 2 頂点が異る色になるように 3 色で塗り分けることができる (補題 7.4 参照). 最も少なく使われる色を赤とすると, 赤色で塗られた頂点の数は $\lfloor (n+2)/3 \rfloor$ 以下である. もしも v_∞ が赤色で塗られていない場合は, 赤色で塗られた頂点に警備員を配置すれば, 多角形 P の外部を監視できる. そのとき, 警備員の数は

$\lfloor (n+2)/3 \rfloor \leq \lceil n/2 \rceil$ で十分である．しかし，v_∞ が赤色で塗られている場合はこの方法を適用できない．なぜなら，v_∞ は多角形 P の頂点ではないので，警備員を配置することができないからである．この場合には2番目に少なく使われる色で塗られた頂点に警備員を配置することにする．このとき，3色の使われる回数をそれぞれ a, b, c (ただし，$a \leq b \leq c, a+b+c = n+2$) とすると，$a \geq 1$ なので $b + c \leq n+1$ である．したがって，$b \leq \lfloor (n+1)/2 \rfloor = \lceil n/2 \rceil$ が成り立つ．いずれの場合も P の外部を監視するために配置された警備員の数は $\lceil n/2 \rceil$ 以下である．よって，題意は示された．□

さて，今度は多角形 P の内部と外部を同時に監視する問題，いわゆる**刑務所問題** (prison problem) を考えよう．警備員が P の頂点に配置される場合に必要十分な警備員の数は一体幾つであろうか．ただし，P の内部点 x (外部点 y) が頂点 z に配置された警備員から監視できるのは，線分 $\overline{xz}$ ($\overline{yz}$) が多角形 P の外部 (内部) と共通部分を持たない場合とする．驚いたことに，その数も $\lceil n/2 \rceil$ である．つまり，刑務所を監視する警備員の数は要塞を見張る警備員の数と同じであることが示された．刑務所問題において，警備員を最も多く必要とする多角形は要塞問題と同様に n 頂点の凸多角形である．一方，多角形 P が凸の場合には $\lceil n/2 \rceil$ 人の警備員，凸でない場合には $\lfloor n/2 \rfloor$ 人の警備員で十分であることが1990年にFürediとKleitmanによって証明されている．その証明は長いので省略するが，関心のある読者は文献 [43] を参照されたい．

定理 7.4　(Füredi-Kleitman) n 頂点の多角形の内部と外部を同時に監視するために，頂点に警備員を配置するときには，$\lceil n/2 \rceil$ 人の警備員が必要十分である．

今までの警備員は静止していて，各々 2π の視野を持つものと仮定している．それらは**静止警備員** (stationary guard) と呼ばれる．警備員が動的である，または視野がある範囲に制限されるケースについての研究も行われている．多角形 P が単純で，各警備員が多角形の辺または対角線の上をパトロールできる場合には，P の内部を監視する必要十分な**移動警備員** (mobile guard) の数が $\lfloor n/4 \rfloor$ であることが示されている [82]．ただし，P の内部点 x が辺または対角線 g に配置された移動警備員から監視できるというのは，g の上に点 y が存在し線分 $\overline{xy}$ が P の外部と共通部分を持たない場合とする．警備員が多角形 P の辺の上のみをパトロー

ルする場合にはこの問題はまだ解決されていないが，わずかな例外を除いて，必要十分な警備員(エッジ警備員という)の数が $\lfloor n/4 \rfloor$ と予測されている．多角形 P が**単方向移動可能な多角形**(straight walkable polygon，単調な多角形の拡張)である場合には，$\lfloor (n+2)/5 \rfloor$ 人のエッジ警備員が必要十分であることが証明されている．関心のある読者は文献 [93] を参照されたい．

視野の範囲が制限される警備員は**投光器**(floodlight) と呼ばれる．視野の範囲が π とされる場合には，$\lfloor n/3 \rfloor$ 個の投光器で十分であると予測されている．(面白いことに，この数は静止警備員の数と同じである．) これまでに，$\lceil 2(n-3)/5 \rceil$ 個の投光器で十分であることが分かっている [27]．予想値とのギャップをどう埋めるのかは今後の研究課題となっている．

7.2
警備員巡回路問題

美術館問題は主に多角形の可視性に関わる問題である．可視性だけではなく，距離情報も含んで美術館の内部を監視する問題が 1988 年に Chin と Ntafos によって提案された [20]．彼らは一人の警備員が美術館内を巡回して内部の監視を行うことを考えた．最短の巡回路を見つけることがここでの目標である．すなわち，**警備員巡回路問題**(watchman route problem) とは，与えられた多角形 P に対し，P の任意の点が巡回路上の少なくとも 1 点から見えるような最短の巡回路を見つけることである．一見すると，この問題は美術館問題と巡回セールスマン問題を融合した形で，NP 困難であると信じる人が多かった．それにもかかわらず，単純多角形の場合にはこの問題に対する多項式時間の解法が見つかった．

7.2.1 動的計画アルゴリズム

単純多角形 P の辺上に巡回路の出発点 s が指定される場合には，動的計画法に基づく $O(n^4)$ 時間のアルゴリズムが提案された [102, 103]．動的計画法とは，重複した計算を避けるため，部分的な問題の解を求めて表に記録しておき，より大きい範囲の問題を解くのに，小さい問題の解を参照する手法である [53, 55]．こうして，小さい問題の解から順に大きな問題の解へ積み上げていくので，ボトムアップ (bottom-up) の方法といえる．警備員巡回路問題を解くために，多角形の三

角形分割 (triangulation) と展開 (unfolding),それに多角形内の最短路 (shortest path) というような計算幾何学における典型的な手法も用いられている.

まず,いくつかの定義を与えよう.多角形 P の反射頂点 v を端点とする辺を P の内部に反対側の境界線まで延長することによって,P の内部を二つに分割できる.P の分割部分で始点 s を含む側の v の内部角度が π より小さいならば,その延長線分を**可視的カット** (visibility cut) と呼ぶ (図 7.9 参照).(反射頂点が必ず可視的カットを生み出すとは限らない.) 可視的カットの端のコーナーを見るためには,警備員巡回路はカット上のどこかの 1 点を訪れる必要がある.(正確に言えば,可視的カットをわずかに越えなければならない.しかし,これは警備員巡回路の最適性を台無しにしてしまう.なぜなら,距離 ϵ を越える巡回路に対して,$\epsilon/2$ しか越えない巡回路の方が短い.これを続けると最短な巡回路を見つけることができなくなってしまう.このため,ここでは直線線分はその上のどの点からも見えると定義する.) 可視的カット C に対して,s を含む P の分割部分を C の必須部分といい,$P(C)$ で表す (図 7.9(a)).

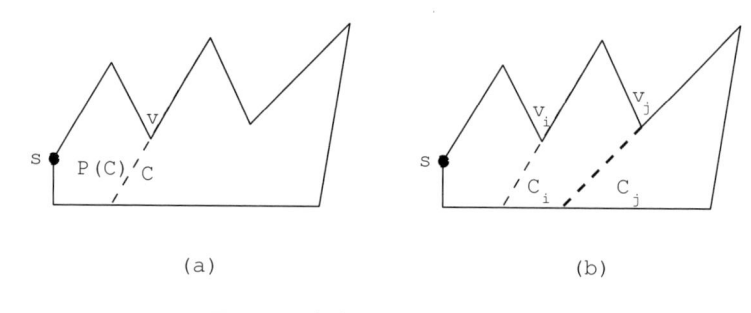

図 7.9 可視的カットと必須カット

もし,P の中に可視的カットが存在しないならば,P の内部は s から全部見える.可視的カットがあるときには,P のコーナーを見るために,警備員巡回路はすべての可視的カットを訪れなければならない.しかし,すべての可視的カットが最短の警備員巡回路を決定するのに必要というわけではない.カット C_j がカット C_i を支配 (dominate) するというのは,$P(C_j)$ が $P(C_i)$ を含むことである (図 7.9(b)).C_j が C_i を支配するならば,C_j を訪れる巡回路は必ず C_i を訪れる.したがって,最短の警備員巡回路を決定するには C_i を無視してもよい.カット C

が**必須カット** (essential cut) と呼ばれるのは, C が他のカットによって支配されないときである. どの警備員巡回路もすべての必須カットを訪れなければならなくて, すべての必須カットを訪れるどの巡回路も警備員巡回路であることが容易にわかる. 以下の部分では, 必須カットのみについて議論する.

必須カットの数を m とする. 始点 s から P の境界線を時計回りに辿るとき, 必須カットの端点と最初に出会う順にカットを並べ, それを $C_1, \ldots, C_m$ とする. 次に, この順序で必須カットを訪れる最短警備員巡回路が存在することを示す. これは, 多項式時間の解法が存在する根拠でもある.

補題 7.6 必須カットを, それらが多角形 P の境界線上に時計回り順に現れる順序で訪れる最短警備員巡回路が存在する.

[証明] 最短警備員巡回路 R が最初に時計回り順にカットを訪れて途中で反時計回りになると仮定する. 途中で反時計回りに変わるためには, 巡回路 R は必ず自己交差する (図 7.10 を参照). 交差点で巡回路 R の向きを変え, 時計回り順でカットを訪れる新しい巡回路 R' を得ることが簡単にできる. 明らかに, 巡回路 R' の長さは R の長さと同じである. よって, 題意が証明された. □

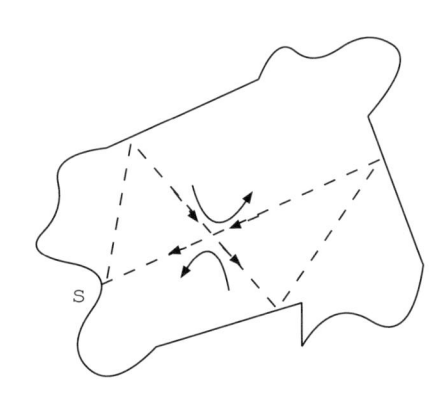

図 7.10 自己交差のない最短警備員巡回路がある

必須カット同士の間に交わりがある場合, カット上の隣あった 2 交点を端点とする線分を**フラグメント** (fragment) と呼ぶ. フラグメント f がカット C を支配

するというのは，f が C の必須でない部分 $(P - P(C))$ にあることである．要するに，f を訪れる巡回路は必ず C を訪れる．フラグメント f がフラグメント g のカットを支配する場合には，f が g を支配するともいう．フラグメントの集合が**警備員フラグメント集合**と呼ばれるのは，すべてのカットがこの集合のフラグメントによって支配され (完全性)，かつ集合中のどのフラグメントもほかのフラグメントによって支配されない (独立性) ときである．警備員フラグメント集合を一つ固定するとき，その集合に属するフラグメントは特に**活性的** (active) であるという．活性的フラグメントを含むカットも活性的であるという．

一つの警備員フラグメント集合が与えられるとき，それに対応する局所的に最短な警備員巡回路が求まる．図 7.11 を参照しながら，一つの例について説明する．図 7.11(a) に示される多角形には必須カットが 4 本ある．活性的フラグメントは太線で示されている．警備員巡回路が活性的カットの必須部分の外に出ることがないので，それらを多角形 P から削除する．残された部分 P' を三角形に分割する (図 7.11(b))．最短警備員巡回路が活性的カットを P の境界線上の順番で訪れるので，その順で活性的フラグメントを鏡として P' の三角形分割を展開する．活性的フラグメント f と g 上の任意の 2 点間の最短路はいくつかの三角形を通るが，それらの三角形だけが展開に使われる (図 7.11(c))．展開図形において始点 s からそのイメージ s' へのどの経路もすべての活性的フラグメントを横切る．よって，展開図形において s から s' への最短路を求め，さらにそれを元の多角形 P に折り畳んで局所的な最短警備員巡回路が得られる (図 7.11(d))．どの三角形も展開図形において最大 3 回しか現れないので，展開にかかる時間は線形である．単純多角形の三角形への分割 (7.1.2 項を参照) と展開した図形における 2 点間の最短路の発見 (7.2.2 項を参照) も線形時間で行えるので，この手続きには $O(n)$ 時間しかかからない．最後に，求めた警備員巡回路が現在の警備員フラグメント集合に対してのみ最適であることに注意しよう．例えば，図 7.11(d) において C_1 の活性的フラグメントをその右のフラグメントと入れ換えれば，もっと短い警備員巡回路が得られる (練習問題 7-7)．如何にして最短警備員巡回路に対応するフラグメント集合を見つけ出すのかが以下の議論である．

上の展開方法で求めた警備員巡回路 R はすべての活性的フラグメント f と反射的 (reflective) に接触する．つまり，巡回路 R は f のどこかの点に到達して，f で反射してまたその点から離れる．(特別な場合には，R の一部は f と重なること

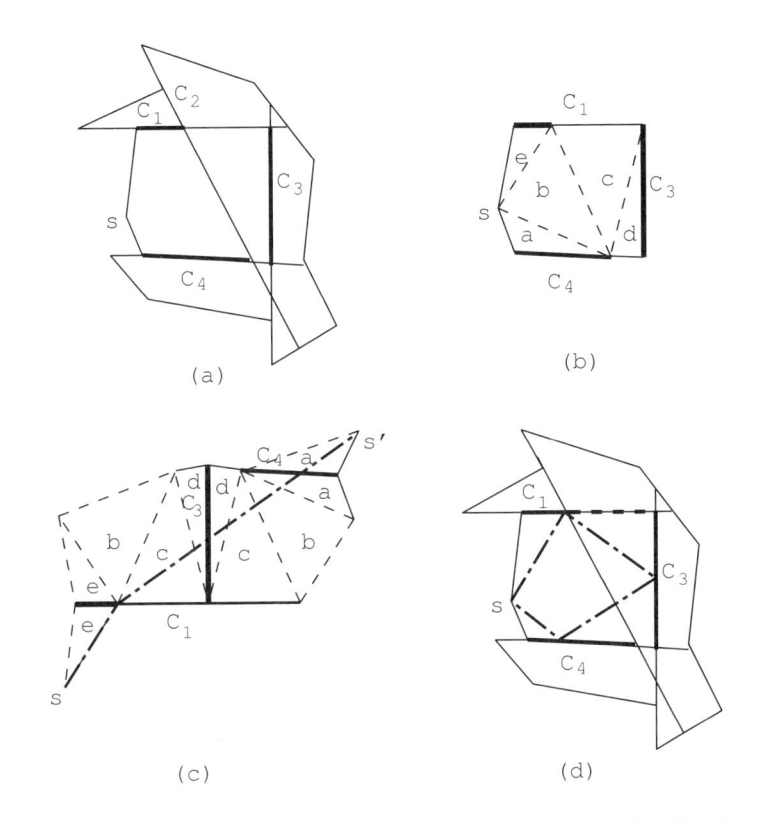

図 7.11 警備員フラグメント集合に対する局所な最適巡回路の求め方

もある.) 活性的カット C_i に対する巡回路 R の入射 (反射) 角度は, R を時計回りに沿うとき, C_i と R の入って来る (出て行く) 線分との間の角度を指す. 入射角度と反射角度が等しい場合, その反射的接触は完全 (perfect) であるという. 入射角度と反射角度が等しくない場合には, 関連の活性フラグメントを変えて (つまり, 警備員フラグメント集合を変更して) 巡回路 R を短縮することができる. この操作を**補正** (adjustment) と呼ぶ. 図 7.12 に活性的カット C_i 上のいくつかの補正を示す. カット C_i に対する巡回路 R の入射角度の方が反射角度より小さいと仮定している. したがって, 図 7.12 では C_i 上の反射点を左に移すべきである. 補正前の活性的フラグメントと巡回路は実線で, 補正後のものは破線で示されている. 巡回路 R に補正可能な箇所が一つしかない場合, R は**単補正的**

(one-place-adjustable) であるという.

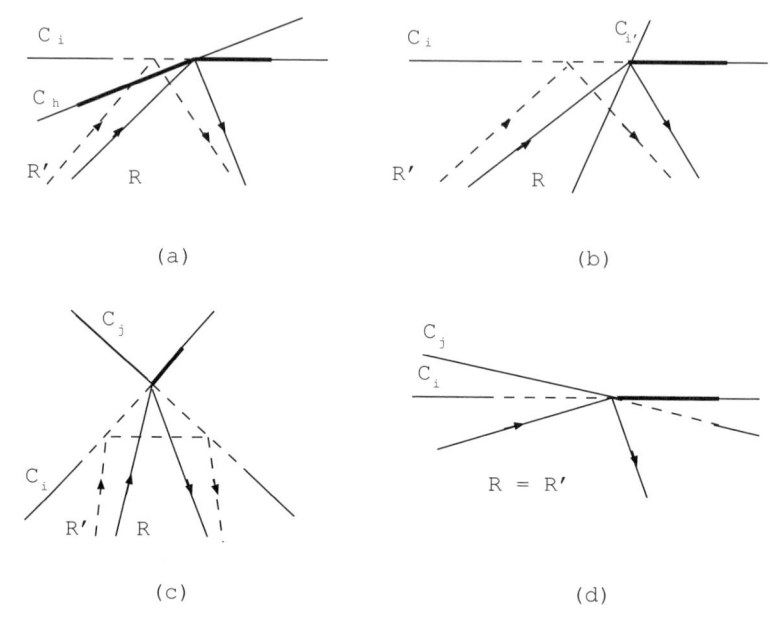

図 7.12 カット C_i 上の補正

下の補題は最短警備員巡回路を求めるために重要である. 証明は長いので省略する ([21, 97] 参照).

補題 7.7 単純多角形の境界線上にある始点 s を通る警備員巡回路で, 補正をする箇所のないものは唯一 (unique) である.

補題 7.8 警備員巡回路 R に補正できる箇所がないときかつそのときに限り, R は最短である.

補題 7.7 と 7.8 により, 以下のような単純なアルゴリズムが考えられる. まず, 初期値としての (最短でない) 巡回路を求める. そして, 現在の巡回路に対して補正を繰り返して行う. 補正ができなくなったら, 現在の巡回路は最短警備員巡回路となる. アルゴリズムの時間複雑さは主に補正の数によって決められる. しかし, この単純な方法では, 補正操作が指数回にのぼることもありうる. 如何にし

て多項式回数に押えることができるかということに研究者が関心を寄せた．いくつかの試行錯誤を重ねた末，ようやく動的計画法を用いて補正の数を多項式回に抑えることに成功した [103]．

以下では，動的計画アルゴリズムの主要なアイディアだけを紹介する．始点 s からカット C_i 上の 1 点への巡回路が**部分的警備員巡回路**と呼ばれるのは，この巡回路が $C_1, \ldots, C_{i-1}$ を訪れ，しかも巡回路の全体が多角形 $P(C_i)$ の中にあるときである．動的計画アルゴリズムでは，始点 s からカット上のすべての交点 (端点を含む) への最短な部分的警備員巡回路を求める．始点 s を疑似的にカット C_{m+1} と見做せば，s から C_{m+1} への巡回路は全体の警備員巡回路となり，警備員巡回路問題の解を得ることができる．

まず，多角形 P における s から C_1 上の交点への最短路はそれらの交点への最短部分的警備員巡回路である．$C_1, \ldots, C_{i-1}$ 上の交点への最短部分的警備員巡回路が既に求まったと仮定する．カット C_i 上のある交点，例えば，p_i への最短部分的警備員巡回路を求めることを考えよう．まず，既に求められた C_{i-1} 上の点への最短部分的警備員巡回路と p_i を線分で結び，一つの単補正的巡回路 R_i^0 を見つける．R_i^0 への補正を 1 回行い，得られた巡回路を R_i^1 とする．通常，R_i^1 には補正できる箇所 (カットの交点) はいくつかある．ここでは，R_i^1 への補正を直接に行わない．その代わりに，最後の補正できる交点 (補正の行えるカットのインデックスが最大) への最短部分的警備員巡回路を最短巡回路の表から取り出し，R_i^1 の残りの部分と結合して新しい巡回路 R_i^2 を得る．明らかに，R_i^2 は非補正的または単補正的である．巡回路 R_i^2 が非補正的である場合は，交点 p_i への最短部分的警備員巡回路が得られた．巡回路 R_i^2 が単補正的である場合は，その補正を行う．この過程を繰り返して，交点 p_i への最短部分的警備員巡回路が得られる．

現在の巡回路が単補正的であるときのみ補正が行われるのはこのアルゴリズムの最大の特徴であり，これが補正の数を多項式回に抑えられる理由である．詳細は省略するが，次の結果が得られている ([102, 103] 参照)．

定理 7.5 多角形 P の境界線上に始点 s が与えられたとき，s を通る最短警備員巡回路を $O(n^4)$ 時間で求めることができる．ここで，n は P の頂点数である．

長さが最適解の $\sqrt{2}$ 倍以内であることが保証される警備員巡回路を見つける線形時間のアルゴリズムや，出発点 s を指定しなくても $O(n^5)$ 時間で最短警備員巡

回路を計算するアルゴリズムも提案されている．関心のある読者は文献 [97, 99] を参照されたい．

7.2.2 単純多角形の内部における最短路

単純多角形 P 内の 2 点 s, t が与えられたとき，s と t の間の最短路を求めるアルゴリズムは警備員巡回路問題だけではなく他の最短経路計画問題を解くのにもよく使われている．P の三角形分割はこの問題を解くのに重要な役割を果たしている．

多角形 P の内部における s と t の間のユークリッド最短路を $D(s,t)$ で表す．明らかに，$D(s,t)$ はいくつかの直線線分からなり，直線線分の交点はすべて P の頂点である．G を P 内部の三角形分割とし，G の平面双対 (planar dual)，すなわち，G の三角形を点とし，G の中で隣接関係のある三角形に対応する点を枝で結ぶグラフを T とする．補題 7.2 により，双対グラフ T は木であり，各点の次数が最大 3 である．したがって，T において s を含む三角形から t を含む三角形への最短パスは唯一である．そのパスは一つの対角線の列 $d_1, d_2, \cdots, d_l$ を与える．各対角線 d_i は P を s を含む部分と t を含む部分に分ける．したがって，$D(s,t)$ は対角線 d_i $(1 \leq i \leq l)$ だけと交わり，かつちょうど 1 回しか交わらない．

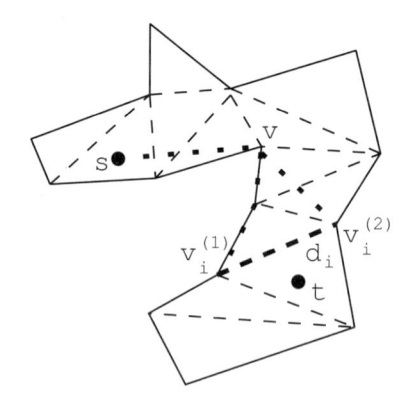

図 7.13　$D(s, v_i^{(1)})$ と $D(s, v_i^{(2)})$ は頂点 v で分岐する

Lee と Preparata は s から対角線 $d_1, d_2, \cdots, d_l$ の各端点への最短路を順に求めてゆき，最後に t への最短路を求めるアルゴリズムを与えた [69]．これらの最

短路の集合は s を根とする最短路木 (shortest-path tree with root s) と呼ばれる. $v_i^{(1)}$ と $v_i^{(2)}$ を対角線 d_i $(1 \leq i \leq l)$ の二つの端点とし, $D(s, v_i^{(j)})$ を s から $v_i^{(j)}$ $(j = 1, 2)$ への最短路とする. 明らかに, $D(s, v_i^{(1)})$ と $D(s, v_i^{(2)})$ は最初に同じ経路を辿った後, ある頂点 v で分岐する (図 7.13). すなわち, $D(v, v_i^{(1)})$ と $D(v, v_i^{(2)})$ は v より後では共通の点を持たない. このような頂点 v を**分岐点** (cusp) と呼ぶ. Lee と Preparata は $D(v, v_i^{(j)})$ $(j = 1, 2)$ が**外向き凸** (outward convex) であることを示した. つまり, $D(v, v_i^{(j)})$ の凸包はいつも $D(v, v_i^{(1)})$, $D(v, v_i^{(2)})$ と対角線 d_i によって囲まれる領域の外部にある. 対角線 d_{l+1} を t と $v_l^{(1)}$ (あるいは $v_l^{(2)}$) を結ぶ線分とする. $D(s, t)$ を求めるアルゴリズムを下に示す.

Lee と Preparata による 2 点間の最短路を求めるアルゴリズム

1. s を $v_1^{(1)}$, $v_1^{(2)}$ と結んで $D(s, v_1^{(1)})$, $D(s, v_1^{(2)})$ を構成する.
2. **For** $i = 2$ **to** $l + 1$ **do**
   (a) v を経路 $D(s, v_i^{(1)})$ と経路 $D(s, v_i^{(2)})$ の分岐点とする. さらに一般性を失うことなく, $v_i^{(1)} = v_{i+1}^{(1)}$ と仮定する. $v_i^{(2)}$ から $D(v_i^{(2)}, v)$ と $D(v, v_i^{(1)})$ の順でたどり, 線分 $(v_{i+1}^{(2)}, u)$ が $D(v, v_i^{(2)})$ または $D(v, v_i^{(1)})$ の凸包の接線となる最初の頂点 u を見出す.
   (b) **If** 頂点 u が $D(v, v_i^{(2)})$ 上に存在する (図 7.14a) **then**
   u と $v_{i+1}^{(2)}$ の間にある辺をすべて削除し, 辺 $(v_{i+1}^{(2)}, u)$ を追加し $D(v, v_{i+1}^{(2)})$ を得る.
   else (頂点 u が $D(v, v_i^{(1)})$ 上に存在する (図 7.14b)) $D(v, v_i^{(2)})$ の辺をすべて削除し, $D(v, u)$ を辺 $(u, v_{i+1}^{(2)})$ と接合して $D(v, v_{i+1}^{(2)})$ を得る.
3. 終点 t が対角線 d_{l+1} の一つの端点であるので, 最短路 $D(s, t)$ が求まり, それを報告する.

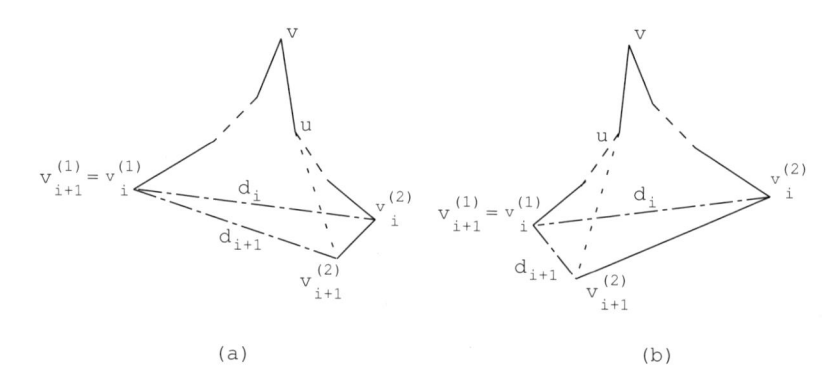

図 7.14 始点 s から d_{i+1} の端点への最短路の求め方

線分 $(v_{i+1}^{(2)}, u)$ が $D(v, v_i^{(j)})$ の凸包の接線である必要十分条件は，u に隣接する二つの頂点が線分 $(v_{i+1}^{(2)}, u)$ を含む直線の同じ側にあることである．それは定数時間で判定できる．したがって，ステップ2の時間計算量は削除された頂点の数に比例する．どの頂点も1回しか削除されないので，上のアルゴリズムの時間計算量は $O(n)$ である．前処理として，多角形 P の三角形分割と双対グラフ T において s を含む三角形から t を含む三角形への最短パスを求めなければならない．それらの操作も線形時間で行えるので，次の定理を得る．

定理 7.6 n 頂点の単純多角形 P と P 内の2点 s と t が与えられるとき，s から t への最短経路は $O(n)$ 時間で求められる．

Lee と Preparata の結果は Guibas らにより拡張された．Guibas らはある固定された出発点から，P のすべての頂点までの最短路を計算する線形時間のアルゴリズムを与えた [48]．

7.2.3 いろいろな巡回路問題

警備員巡回路問題にも多くの変種や拡張版がある．例えば，多角形の内部ではなくて多角形の外部を監視し巡回することも考えられる．アルゴリズム的には多角形の内部を巡回する場合と同様である．

スパイ侵入問題 (robber route problem) というのは，多角形 P の内部にいくつかの監視所があるとき，スパイが開始点 s から出発して途中どの監視所からも見つからずに，いくつかの指定された辺をすべて盗み見して s に戻るという最短の経路を見つける問題である．Ntafos はこの問題を警備員巡回路問題に帰着して解いている [76]．

巡回者が近眼で距離 d までしか見えないという設定で多角形の境界線をすべて巡視する問題は d-**警備員巡回路問題** (d-watchman route problem) と呼ばれる．境界線だけでなく多角形の内部をくまなく巡視する問題を d-**掃除人問題** (d-sweeper problem) と呼ぶ．これらの問題に対する近似アルゴリズムが提案されている [77]．

動物園巡回路 (zookeeper's route) とは，単純多角形 P の境界線上に何個かの小さな凸多角形 (動物の檻と見なす) を配置し，飼育人がそれらの檻をすべて訪れて (檻の内部には入らない) 出発点に戻る経路である．始点 s が指定された場合と始点 s を指定しない場合にはそれぞれ $O(n \log^2 n)$ と $O(n^2)$ 時間のアルゴリズムがある [52, 96]．巡回者が檻の内部に入れる場合には**サファリ巡回路** (safari route) と呼ぶ．始点 s が指定された場合と始点 s を指定しない場合にはそれぞれ $O(n^3)$ と $O(n^4)$ 時間のアルゴリズムがある [100]．

水族館巡回路 (aquarium keeper's route) とは，単純多角形 P の辺をすべて訪れる最短の経路である．これは，檻が辺に退化したケースの動物園巡回路問題とみてもよい．最短水族館巡回路は多角形の辺を時計回り順に訪れるので，この問題は線形時間で解ける [28]．最短水族館巡回路を求めるアルゴリズムは，始点 s を指定しない場合の警備員巡回路問題を解くのに使われている [97]．

警備員巡回路問題の狙いは建物内に潜む侵入者を如何に速く見つけるかにあると解釈することもできる．ここでは，侵入者が静止的なものであることを前提にしている．侵入者が動的で，かつ警備員の視野が限定される場合についての問題は Suzuki と Yamashita によって提案された [91]．彼らは，真夜中に一人の捜索員が k 個のサーチライトを持ち，建物内に潜む動的侵入者を見つけ出すことを考えた．(ハンターが逃げ回る獲物を射撃するとも考えられる．) 捜索員の視野がサーチライトより発射される k 本の光線 (線分) に制限される．$k = \infty$ の場合，捜索員は 360 度すべての方向を見ることができる．侵入者がどのようなスピードで逃げ回っても，一人の k-捜索員 (k-searcher) によって必ず照らし出すことので

きる必要十分条件を与えることがここでの目標である．すなわち，**多角形捜索問題** (polygon search problem) とは，与えられた多角形 P に対し，一人の k-捜索員が P 内に逃げ回る侵入者を照らし出すことができるかどうか，できる場合にはそのような捜査スケジュールを示すことである．この問題の解法が最近 Tan によって提案された [95]．7.2.1 項で紹介した必須カットの概念が捜索アルゴリズムの設計に役に立っている．最後に，単純多角形を捜索するのに十分な最小の捜索員の数を求めるのも興味深い問題である．

7.3
応用

多角形の領域を三角形に分割することは多くの応用分野において要求されている．例えば，「有限要素法」を利用するためには，まず解析の対象領域を三角形や四角形などの小さい領域に分割しなければならない．その他，VLSI 設計やパターン認識，コンピュータグラフィクスなどにも多角形の三角形分割が用いられる．

可視性と最短路を両方考慮した警備員巡回路問題および様々な変種問題の解法は人間やロボットの最適経路計画に適用できる．例えば，ビル火災が発生するとき，救助用ロボットによってビルの中の遭難者をいち早く発見するのに多角形の捜索アルゴリズムが役立つ．また，ある水域に敵の潜水艦が潜んでいたという情報が入ったとき，何人かの潜水員を派遣してその情報を確かめるにも捜索アルゴリズムが使える．

7.4
練習問題 7

1. 直交多角形を監視するのに $\lfloor n/4 \rfloor$ 人の警備員が必要である例を一つ挙げよ．
2. 任意の単調な多角形に対して，双対グラフがパス (各頂点の次数が最大 2 である) となるような三角形分割が必ず存在するか．そうである場合もそうでない場合も理由を述べよ．
3. 単調な多角形を三角形化するプログラムを書け．

4. 投光器 (floodlight) の照らす範囲が π とされる場合, π-投光器と呼ぶ. 五角形の内部を1個の π-投光器で全部照らせることを示せ. (ただし, 投光器の配置場所は多角形の内部であればどこてもよい.)
5. 多角形 P に双対グラフがパスとなるような三角形分割が存在する場合, P の内部を $\lfloor n/3 \rfloor$ 個の π-投光器で全部照らせることを示せ.
6. 多角形 P に双対グラフがパスとなるような三角形分割が存在する場合, P を $\lfloor (n+2)/5 \rfloor$ 人のエッジ警備員で監視できることを示せ.
7. 図7.11dにおいて C_1 の活性的フラグメントをその右のフラグメントと入れ換えて局所な最適巡回路を求めよ. (実は, この新しいフラグメント集合に対する巡回路は最短の警備員巡回路となる.)
8. どの最短警備員巡回路も必ずある必須カット C と反射的に接触することが分かっている場合, 他の必須カットの数に関して帰納法を適用し, 最短警備員巡回路が唯一に存在することを証明せよ.

第8章

おわりに

本書では，計算幾何学におけるいくつかの代表的な問題およびそれらの応用を広範囲にわたって議論してきた．紙数のため，多数のホットな話題を省かざるを得なかった．参考のため，本書に取り入れることができなかった幾つかの重要な研究テーマを下に列挙する．

1. **確率的アルゴリズム**　　効率の良いアルゴリズムはたいてい複雑で，実現 (インプリメント) が難しい．この問題を解決してくれるのが確率的アルゴリズム (randomized algorithm，ランダム化アルゴリズムともいう) である．決定的なアルゴリズム (deterministic algorithm) よりランダム化アルゴリズムの方が実用的な観点から優れていることが一般的に認識されている．問題の入力にある確率分布を仮定する場合に，その実行時間の平均値は平均計算時間 (average running time) と呼ばれる．それに対し，確率的アルゴリズムは任意の入力に対してランダムにサンプルを選んでアルゴリズムを実行させる．アルゴリズムをランダム化することにより，短い時間で解を得ることができることが多い．アルゴリズムの実行時間の期待値は期待計算時間 (expected running time) と呼ばれる．

平均ケース対処のアルゴリズムの場合は計算時間が長くなるような都合の悪い入力が存在する．それに対し，入力によらずに問題の解を速く得ることができるのは確率的アルゴリズムの最大の特徴である．入力分布を仮定する方法では入力の分布として妥当なものを考えることさえ難しいので，作為的な入力分布を仮定するより，アルゴリズムの中でランダム化した方がより汎用的な成果が得られる．このため，多くの幾何アルゴリズ

ムがランダム化されている．文献[73]を参照されたい．

2. **幾何アルゴリズムの頑健さ**　幾何アルゴリズムを設計するとき，計算の誤差がないと仮定するのがふつうである．しかし，コンピュータでは実数型の計算によって計算誤差があちこちに現れる．「理論上正しい」アルゴリズムを実際にプログラムとして走らすと，必ずしも正しく動かないという問題が起っている．計算幾何学を現実の問題に適用するため，幾何アルゴリズムの頑健さ (robustness) に関する研究が盛んに行われている．実数の丸め方や退化ケースの取り扱い方法などが研究され，数値的に安定なアルゴリズムの開発が進んでいる．文献[89]を参照されたい．

3. **並列計算**　計算機科学のあらゆる分野で並列計算は主要なテーマである．計算幾何学においても，すべての幾何問題を再調査し並列アルゴリズムを開発する研究が盛んである．凸包，ボロノイ図などに関する並列アルゴリズムが多数提案されている．この方面の研究はそれ自身で豊かな内容を持つだけではなく，逐次的なアルゴリズムの改善に導かれることもしばしばある．文献[6]を参照されたい．

4. **幾何アルゴリズムの動的化**　幾何問題をオンラインで考えるというのは，入力のデータが時間につれて変化する場合を扱うことである．例えば，コンピュータアニメーションでは，視点の変化につれて各フレームが直前のフレームと少しずつ変わってゆく．各フレームに対し隠面除去などを独立に行うのは無謀である．アルゴリズムのデータ構造をデータの変化にも対処できるようにすることをアルゴリズムまたはデータ構造の動的化 (dynamization) という．このような研究はデータ構造の理論に寄与するところが大きい．

5. **離散幾何学と組合せ幾何学**　計算幾何学は，純粋数学の分野である離散幾何学と組合せ幾何学との関係が非常に多い．5章ではアレンジメントやDavenport-Schinzel列などに触れたが，文献[32]ではこのような話題を豊富に紹介しているので，興味のある読者は参照されたい．

参考文献

[1] A. Aggarwal, L.J. Guibas, J. Saxe, P.W. Shor, A linear-time algorithm for computing the Voronoi diagram of a convex polygon, *Discrete Comput. Geom.* **4** (1989) 591-604.
[2] A.V.Aho, J.E.Hopcroft and J.D.Ullman, *The Design and Analysis of Computer Algorithms*, Addison-Wesley, Reading, Mass., 1974.
[3] 浅野 孝夫, 今井 浩, 計算とアルゴリズム, オーム社, 2000.
[4] 浅野 哲夫, 計算幾何学, 朝倉書店, 1990.
[5] 浅野 哲夫, データ構造, 近代科学社, 1992.
[6] M. J. Atallah, Parallel techniques for computational geometry, in *Proc. of the IEEE* **80** (1992) 1435-1448.
[7] F. Aurenhammer, Power diagrams: properties, algorithms, and applications. *SIAM J. Comput.* **16** (1987) 78-96.
[8] D. Avis, 今井 浩, 松永 信介, 計算幾何学・離散幾何学, 朝倉書店, 1994.
[9] R. Bar-Yehud and E. Ben-Hanoch, A linear-time algorithm for covering simple polygons with similar rectangles, *Int. J. Comput. Geom. & Appl.* **6** (1996) 79-102.
[10] J. L. Bentley and Th. Ottmann, Algorithms for reporting and counting geometric intersections, *IEEE Trans. on Comput.* **C-28** (1979) 643-647.
[11] J. L. Bentley and D. Wood, An optimal worst-case algorithm for reporting intersections of rectangles. *IEEE Trans. on Comput.* **C-29** (1980) 571-577.
[12] M. ドバーグ他著 (浅野 哲夫 訳), コンピュータ・ジオメトリ (計算幾何学：アルゴリズム応用), 近代科学社, 2000.
[13] M. Bern, Hidden surface removal for rectangle, in *Proc. 4th Ann. ACM Symp. Comput. Geom.* (1988) 183-192.
[14] M. Blum, R. W. Floyd, V. R. Pratt, R. L. Rivest and R. E. Tarjan, Time bounds for selection, *J. Comput. Syst. Sci.* **7** (1972) 448-461.
[15] K. Q. Brown, Voronoi diagrams from convex hulls, *Inform. Process. Lett.* **9** (1979) 223-228.
[16] B. Chazelle, Triangulating a simple polygon in linear time, *Discrete Comput. Geom.* **6** (1991) 485-524.

[17] B. Chazelle and H. Edelsbrunner, An optimal algorithm for intersecting line segments in the plane, *J. ACM* **39** (1992) 1-54.

[18] L.P.Chew, There are planar graphs almost as good as the complete graph, *J. Comput. Syst. Sci.* **39** (1989) 205-219.

[19] Y.J.Chaing and R.Tamassia, Dynamic algorithms in computational geometry, *Proc. IEEE* **80** (1992) 1412-1434.

[20] W.P.Chin and S.Ntafos, Optimum watchman routes, *Inform. Process. Lett.* **28** (1988) 39-44.

[21] W.P.Chin and S.Ntafos, Shortest watchman routes in simple polygons, *Discrete Comput. Geometry* **6** (1991) 9-31.

[22] F. Chin, J. Snoeyink and C. A. Wang, Finding the medial axis of a simple polygon in linear time, *Lect. Notes in Comput. Sci.* **1004** (1995) 382-391.

[23] V. Chvátal, A combinatorial theorem in plane geometry, *J. Combin. Theory Ser. B*, **18** (1975) 39-41.

[24] N. Christofides, Worst-case analysis of a new heuristic for the travelling salesman problem, in *Proc. Symp. on New Directions and Recent Results in Algorithms and Complexity*, Carnegie-Mellon Univ., Pittsburgh, 1976.

[25] R. Cole, Searching and storing similar lists, *J. Algorithms* **7** (1986) 202-220.

[26] R. Cole and A. Siegel, River routing every which way, but loose, *Proceedings, 25th Annu. IEEE Symp. Found. Comput. Sci.* (1984) 65-73.

[27] G. Csizmadia and G. Tóth, Note on an art gallery problem, *Comput. Geom. Theory Appl.* **10** (1998) 47-55.

[28] J. Czyzowicz, P. Egyed, H. Everett, D. Rappaport, T. Shermer, D. Souvaine, G. Toussaint and J. Urrutia, The aquarium keeper's problem, In *Proc. 2nd ACM-SIAM Symp. Discrete Algorithms* (1991) 459-464.

[29] F.Devai, Quadratical bounds for hidden-line elimination, in *Proc. 2nd Ann. ACM Symp. Comput. Geom.* (1986) 269-275.

[30] D.Dobkin and R.J.Lipton, Multidimensional search problems, *SIAM J. Comput.* **5** (1976) 181-186.

[31] M. Edahiro, I. Kokubo and T. Asano, A new point-location algorithm and its practical efficiency: Comparison with existing algorithms, *ACM Trans. Graph.* **3** (1984) 86-109.

[32] H. Edelsbrunner, *Algorithms in Combinatorial Geometry*, Springer-Verlag, Berlin, 1987. (邦訳 今井 浩, 今井 桂子 共訳: 組合せ幾何学のアルゴリズム, 共立出版, 1995.)

[33] H. Edelsbrunner, The upper envelope of piecewise linear functions: Tight complexity bounds in higher dimensions, *Discrete Comput. Geom.* **4** (1989) 337-343.

[34] H. Edelsbrunner and L. Guibas, Topologically sweeping an arrangement, *J. Comput. Syst. Sci.* **38** (1989) 165-194.

[35] H. Edelsbrunner, L.J. Guibas and M. Sharir, The upper envelope of piecewise linear functions: Algorithms and Applications, *Discrete Comput. Geom.* **4** (1989) 311-336.

[36] H. Edelsbrunner and R. Seidel, Voronoi diagrams and arrangements, *Discrete Comput. Geom.* **1** (1986) 25-44.

[37] H. Edelsbrunner, R. Seidel and M. Sharir, On the zone theorem for hyperplane arrangements, *SIAM J. Comput.* **22** (1993) 418-429.

[38] S. Fisk, A short proof of Chvátal's watchman theorem, *J. Combin. Theory Ser. B* **24** (1978) 374.

[39] 福田 公明, 逆探索とその応用, 離散構造とアルゴリズム II (藤重 悟 編) 47-78, 近代科学社, 1993.

[40] A.R.Forrest, Computational geometry, *Proceedings of the Royal Society of London* Vol. 321 series A (1971) 187-195.

[41] S. Fortune, A sweepline algorithm for Voronoi diagrams, *Algorithmica* **2** (1987) 153-174.

[42] S. Fortune, Voronoi diagrams and Delaunay triangulations, in D. Z. Du and F. Hwang, editors, *Computing in Euclidean Geometry* (1995) 225-265, World Scientific.

[43] Z. Füredi and D. J. Kleitman, The prison yard problem, *Combinatorica* **14** (1994) 287-300.

[44] M. R. Garey, D. S. Johnson, F. P. Preparata and R. E. Tarjan, Triangulating a simple polygon, *Inform. Process. Lett.* **7** (1978) 175-179.

[45] S. K. Ghosh and D. M. Mount, An output-sensitive algorithm for computing visibility graphs, in *Proc. 28th Ann. IEEE Symp. Found. Comput. Sci.* (1987) 11-19.

[46] R. L. Graham, An efficient algorithm for determining the convex hull of a finite planar set, *Inform. Process. Lett.* **1** (1972) 132-133.

[47] B. Grunbaum, *Convex Polytopes*, Wiley-Interscience, New York, 1967.

[48] L.Guibas, J.Hershberger, D.Leven, M.Sharir and R.Tarjan, Linear time algorithms for visibility and shortest path problems inside triangulated simple polygons, *Algorithmica* **2** (1987) 209-233.

[49] L. J. Guibas and J. Stolfi, Primitives for the manipulations of general subdivisions and the computation of Voronoi diagrams, *ACM Trans. Graph.* **4** (1985) 74-123.

[50] R.H.Güting and Th. Ottmann, New algorithms for special cases of the hidden line elimination problem, *Comput. Vision Graphics Image Process.* **40** (1987) 188-204.
[51] H. Hart and M. Sharir, Nonlinearity of Davenport-Schinzel sequences and of generalized path compression schemes, *Combinatorica* **6** (1986) 151-177.
[52] J. Hershberger and J. Snoeyink, An efficient solution to the zookeeper's problem, in *Proc. 6th CCCG* (1994) 104-109.
[53] 平田 富夫, アルゴリズムとデータ構造, 森北出版, 1990.
[54] T. Hirata, A unified linear-time algorithm for computing distance maps, *Inform. Process. Lett.* **58** (1996) 129-133.
[55] 茨木 俊秀, アルゴリズムとデータ構造, 昭晃堂, 1989.
[56] 五十嵐 善英, 西谷 泰浩, アルゴリズムの基礎, コロナ社, 1997.
[57] 今井 浩, 今井 桂子, 計算幾何学, 共立出版, 1994.
[58] 伊理 正夫 監修, 腰塚 武志 編集, 計算幾何学と地理情報処理 (第2版), 共立出版, 1993.
[59] 石畑 清, アルゴリズムとデータ構造, 岩波書店, 1989.
[60] N. Iso, Y. Kawaguchi and T. Hirata: Efficient routability checking for global wires in planar layouts, *IEICE Trans. Fundamentals* **E80-A** (1997) 1878-1882.
[61] J. Kahn, M. Klawe and D. Kleitman, Tranditional galleries require fewer watchmen, *SIAM J. Alg. Disc. Meth.* **4** (1983) 194-206.
[62] 加藤、平田、斉藤、吉瀬:ユークリッド距離変換アルゴリズムの効率化, 電子情報通信学会論文誌 **J78-D-II** (1995) 1750-1757.
[63] 川口 泰,磯 直行,平田富夫, 配線可能性検証のための容量判定グラフの提案, 電子情報通信学会技術報告 **VLD 95-126**, 1995.
[64] D. G. Kirkpatrick and R. Seidel, The ultimate planar convex hull algorithm?, *SIAM J. Comput.* **15** (1986) 287-299.
[65] D.Knuth, *The Art of Computer Programming, Vol 1: Fundamental Algorithms*, Addison-Wesley, Reading, Mass., 1968.
[66] D.Knuth, Big omicron and big omega and big theta, *SIGACT News* **8** (1976) 18-24.
[67] D. T. Lee and A. K. Lin, Computational complexity of art gallery problems, *IEEE Trans. Inform. Theory* **32** (1986) 276-282.
[68] D. T. Lee and F. P. Preparata, Location of a point in a planar subdivision and its applications, *SIAM J. Comput.* **6** (1977) 594-606.
[69] D. T. Lee and F. P. Preparata, Euclidean shortest paths in the presence of rectilinear barriers, *Networks* **14** (1984) 393-410.
[70] E.M.McCreight, Priority search trees, *SIAM J. Comput.* **14** (1985) 257-276.

[71] M.McKenna, Worst case optimal hidden surface removal, *ACM Trans. Graphics* **6** (1987) 19-28.

[72] D. E. Muller and F. P. Preparata, Finding the intersection of two convex polyhedra, *Theor. Comput. Sci.* **7** (1978) 217-236.

[73] K. Mulmuley, *Computaional Geometry: An Introduction Through Randomized Algorithms*, Prentice-Hall, Inc., 1994.

[74] K.Mehlhorn, *Data Structures and Algorithms 3: Multi-dimensional Searching and Computational Geometry*, Springer-Verlag, Berlin, 1984.

[75] 日本図学会 編, CGハンドブック, 森北出版社, 1989.

[76] S. Ntafos, The robber route problem, *Inform. Process. Lett.* **34** (1990) 59-63.

[77] S. Ntafos, Watchman routes under limited visibility, *Comput. Geom. Theory Appl.* **1** (1992) 149-170.

[78] F.P.Preparata and S.J.Hong, Convex hulls of finite sets of points in two and three dimensions, *Comm. ACM* **2** (1977) 87-93.

[79] F. P. プレパラータ, M. I. シューモス 著(浅野 孝夫, 浅野 哲夫 訳), 計算幾何学入門, 総研出版社, 1992.

[80] F.P.Preparata and R.Tamassia, Efficient spatial point location, in Algorithms and Data Structures (WADS'89), *Lect. Notes in Comput. Sci.* **382** (1989) 3-11.

[81] A. Rosenfeld and J. Pfalts, Sequential operations in digital picture processing, *J. Assoc. Comput. Mach.* **13** (1966) 471-494.

[82] J.O'Rourke, *Art Gallery Theorems and Algorithms*, Oxford University Press, 1987.

[83] J.O'Rourke, *Computational Geometry in C*, Cambridge University Press, 1993.

[84] J.O'Rourke and G. T. Toussaint, Pattern recognition, in J. E. Goodman and J. O'Rourke, editos, *Handbook of Discrete and Computational Geometry* (1997) 797-814, CRC Press.

[85] N.Sarnak and R.E.Tarjan, Planar point location using persistent search trees, *Comm. ACM* **29**(1986) 669-679.

[86] J. T. Schwartz and M. Sharir (林 朗 訳), ロボティクスにおけるアルゴリズム的動作計画, Jan Van Leeuwen 編(広瀬 健, 野崎 昭弘, 小林 孝次郎 監訳), コンピュータ基礎ハンドブック I (1994) 395-434, 丸善株式会社.

[87] J. Serra, Introduction to mathematical morphology, *Comput. Graph. & Image Process.* **35** (1986) 283-305.

[88] M.I.Shamos, Computational Geometry, Ph. D. thesis, Yale University. 1978.

[89] 杉原 厚吉, 計算幾何工学, 培風舘, 1994.
[90] I.E.Sutherland, R.F.Sproull and R.A.Schumacker, A characterization of ten hidden-surface algorithms, *Comput. Serv.* **6** (1974) 1-55.
[91] I. Suzuki and M. Yamashita, Seaching for mobile intruders in a polygonal region, *SIAM J. Comp.* **21** (1992) 863-888.
[92] R. E. Tarjan and C. J. van Wyk, an ($n \log \log n$)-time algorithm for triangulating a simple polygon, *SIAM J. Comput.* **17** (1988) 143-178.
[93] X. Tan, Edge guards in straight walkable polygons, *Int. J. Comput. Geom. & Appl.* **9** (1999) 63-79.
[94] X. Tan, On optimal bridges between two convex polygons, *Inform. Process. Lett.* **76** (2000) 163-168.
[95] X. Tan, Searching a simple polygon by a k-searcher, *Lect. Notes in Comput. Sci.* **1969** (2000) 503-514.
[96] X. Tan, Shortest zookeeper's routes in simple polygons, *Inform. Process. Lett.* **77** (2001) 23-26.
[97] X. Tan, Fast computation of shortest watchman routes *Inform. Process. Lett.* **77** (2001) 27-33.
[98] X. Tan, Optimal computation of the Voronoi diagram of disjoint clusters, *Inform. Process. Lett.* **79**(2001) 115-119.
[99] X. Tan, Approximation algorithms for the watchman route and zookeeper's problems, 情報処理学会アルゴリズム研究会報告 **SIGAL 79-8**, 2001.
[100] X. Tan and T. Hirata, The safari route problem, in *Proc. 5th Japan-Korea Workshop on Algor. Comput.* (2000) 64-71.
[101] X. Tan, T. Hirata and Y. Inagaki, Spatial point location and its applications, *Lect. Notes in Comput. Sci.* **450** (1990) 241-250.
[102] X. Tan, T. Hirata and Y. Inagaki, An incremental algorithm for constructing shortest watchman routes, *Int. J. Comput. Geom. & Appl.* **3** (1993) 351-365.
[103] X. Tan, T. Hirata and Y. Inagaki, Corrigendum to "An incremental algorithm for constructing shortest watchman routes", *Int. J. Comput. Geom. & Appl.* **9** (1999) 319-323.
[104] R.E.Tarjan, Depth-first search and linear graph algorithms, *SIAM J. Comput.* **1** (1972) 146-160.
[105] 徳山 豪, はみだし幾何学, 岩波書店, 1994.
[106] P. M. Vaidya, Geometric helps in matching, *Proc. 20th Ann. ACM Symp. Theory Comput.* (1988) 422-425.
[107] 渡辺 敏正, データ構造と基本アルゴリズム, 共立出版, 2000.

索　引

あ　行

Ackermann 関数　112
後入れ先出し　11
アレンジメント　6, 100
移動警備員　158
イベント計画　30
隠線除去　38
隠面除去　38
上側境界線　57
エッジ警備員　159
NP 困難　93
エンベロープ　111
オイラー(Euler)の公式　5
親　12

か　行

回転　19
概略配線　139
確率的アルゴリズム　172
可視グラフ　96, 141
可視的カット　160
可視マップ　155
活性セル　41
活性的　162
頑健さ　173
完全　163
木　12
幾何変換　75, 104
期待計算時間　172
逆探索　83
キュー　11
教師付き学習　42
兄弟　12
距離変換　113
区間木　124

区分木　123, 125
組合せ幾何学　173
クラスタのボロノイ図　91
クラスタリング　67
Graham のアルゴリズム　50
計算幾何学　1
警備員　146
警備員巡回路問題　159, 169
警備員フラグメント集合　162
刑務所問題　158
子　12
交差　25
高次のボロノイ図　90, 108

さ　行

最遠点ボロノイ図　90
最遠点ボロノイ領域　90
最近点探索問題　92
最近点問題　69
最小ユークリッドマッチング　94
最大空円　96
最短路　160, 166
最適経路計画問題　96
先入れ先出し　11
サファリ巡回路　169
三角形分割　5, 149
三角形メッシュ　97
時間計算量　7
時刻ラベル　134
辞書　13, 77
子孫　12
下側境界線　57
視点　38
支配　160
4部辺構造　39

視平面　40
Jarvisの行進　49
縮小法　61
出力感応型　42
順位付きキュー　12
巡回セールスマン問題　93
上界定理　66
上下法　66
詳細配線　139
上部支持線　64
水族館巡回路　169
スイープ法　30
水平な台形分割　154
スタック　10
スパイ侵入問題　168
スラブ　43
スラブ法　131
静止警備員　158
正投影　40
整列2分木　121
セル　39, 100
線形多様体　4
線形分離可能　42
全最近点問題　93
先祖　12
線分　4
走査線計画　30
掃除人問題　169
双対変換　105
双方向リスト　154
外向き凸　167
ゾーン定理　101

た　行

退化　6
対角線　148
多角形　5
多角形搜索問題　170
高さ　12
Davenport-Schinzel列　111
多面体　5
単純　5, 101

単調　68
単調な多角形　151
単補正的　163
逐次構成法　55
中央軸変換　94
頂点　39, 100
超平面　104
長方形包囲問題　45
直線　4
直交多角形　150
d-警備員巡回問題　169
d-掃除人問題　169
点　4
点位置決定アルゴリズム　92
点位置決定問題　122, 130
展開　160
点包囲問題　123
投影変換　106
投光器　159
透視投影　40
動的化　173
動的計画法　159
動物園巡回路　169
凸多角形　5
凸頂点　148
凸包　4, 47
凸領域　4
トレーニングデータ　42
ドローネ三角形分割　71
ドローネフリップ　82

な　行

ならし計算量解析　137
二重連結辺リスト　39
2色木　19
2分木　12
2分探索　13
2分探索木　13
根　12

は　行

葉　12
配線可能性検証　139

排他的論理和　44
パシステント　133
ハムサンドイッチカット　118
反射的　148
美術館定理　147
美術館問題　146
必須カット　161
非ドローネ辺　82
ヒープ　11
ヒープ条件　12
ヒープ探索木　127
符号付き面積　26
プッシュ　10
部分的警備員巡回路　165
フラグメント　161
フリップ　81
分割統治法　57
分岐点　167
平均計算時間　172
平衡2分探索木　19, 80
平面　4
平面グラフ　4
平面走査法　30
平面分割　5
並列計算　173
辺　39, 100
包装法　48
補正　163
ポップ　10
母点　70
ボロノイ図　69, 70
ボロノイ点　70
ボロノイ辺　70
ボロノイ領域　70

ま　行

マンハッタン幾何学　29

や　行

郵便ポスト問題　70
ユークリッド空間　4
ユークリッド距離変換　114
ユークリッド最小全域木　93

要塞問題　156
様相グラフ　117
容量判定グラフ　141

ら　行

ランダムアクセス機械　7
離散幾何学　173
リスト　9
領域木　126
領域計算量　7
領域探索問題　45, 121
レトラクト法　95
路の複写　134
ロボットの動作計画　95

著者略歴

譚　学厚　（たん・がくこう，Xuehou TAN）
 1962 年　中国江蘇省に生まれる
 1982 年　中国南京大学計算機科学科卒業
 1991 年　名古屋大学大学院工学研究科博士課程修了（工学博士）
 1992 年　モントリオール大学（カナダ）ポスドク研究員
 現　在　東海大学教授（情報理工学部コンピュータ応用工学科）

平田　富夫（ひらた・とみお）
 1976 年　東北大学工学部通信工学科卒業
 1981 年　東北大学大学院博士課程修了(工学博士)
 1981 年　豊橋技術科学大学助手
 1986 年　名古屋大学工学部情報工学科講師
 現　在　名古屋大学大学院情報科学研究科教授

計算幾何学入門　　　　　　　© 譚 学厚・平田富夫　*2001*
2001 年 10 月 25 日　第 1 版第 1 刷発行　　【本書の無断転載を禁ず】
2015 年 10 月 10 日　第 1 版第 5 刷発行

著　者　譚 学厚・平田富夫
発行者　森北博巳
発行所　森北出版株式会社
　　　　東京都千代田区富士見 1-4-11（〒102-0071）
　　　　電話 03-3265-8341／FAX 03-3264-8709
　　　　http://www.morikita.co.jp/
　　　　日本書籍出版協会・自然科学書協会　会員
　　　　JCOPY ＜(社)出版者著作権管理機構 委託出版物＞

落丁・乱丁本はお取替えいたします　　印刷／モリモト印刷・製本／ブックアート

Printed in Japan／ISBN978-4-627-84361-5

図書案内　森北出版

基礎から学ぶ トラヒック理論
稲井寛／著
菊判 ・ 224頁　　定価（本体 3200円 +税）　　ISBN978-4-627-85221-1

情報ネットワークや待ち行列の応用に興味のある読者を対象とした，トラヒック理論の入門書．丁寧な式変形により，確率の基礎から解説しているため，初学者でもつまずくことなく学ぶことができる．抽象的な理論の間に，コールセンターなどの身近な例を交えることによって，他にはないわかりやすさを実現した．

フリーソフトではじめる機械学習入門
荒木雅弘／著
菊判 ・ 272頁　　定価（本体 3600円 +税）　　ISBN978-4-627-85211-2

ビッグデータ時代の「使える」指南書．識別，回帰などの基本的な手法から，強化学習や深層学習（ディープラーニング）などの最先端の手法までをひととおり説明．機械学習の手法を網羅した．データマイニングソフトウェアWekaによる解析例を多数解説．

ネットワーク工学 第2版
村上泰司／著
菊判 ・ 176頁　　定価（本体 2400円 +税）　　ISBN978-4-627-82892-6

ネットワーク技術の原理と成り立ちを総合的に学ぶためのテキスト．改訂にあたり，NGN，SDN，IPv6など，過去10年間の話題を盛り込んだ．ネットワーク技術をはじめて学ぶ工学系学生のテキストとして，ネットワーク構築・運用業務に携わるエンジニアの最初の一冊として最適．

基礎から学べる論理回路 第2版
速水治夫／著
菊判 ・ 160頁　　定価（本体 2000円 +税）　　ISBN978-4-627-82762-2

これまで多くの学校で採用されてきた，基礎からやさしく学べる初学者におすすめのテキスト．今回の改訂では図や記号をはじめ全面的な見直しを行い，レイアウトを一新した．できるだけ平易な記述で説明し，数多くの例や演習問題を掲載．

定価は2015年1月現在のものです．現在の定価等は弊社Webサイトをご覧下さい．

http://www.morikita.co.jp